KB212741

작은 캠핑, 다녀오겠습니다

가벼운 배낭, 온전한 쉼

꼭 필요한 것만 챙겨서
자연 속에서 보내는 단순한 시간,
'작은 캠핑'을 안내해드릴게요.

작은 캠핑, 다녀오겠습니다

세계여행을 꿈꿨습니다. 일상을 벗어나 자유롭게 지구 곳곳을 다니며 여행자로 살아가는 꿈. 하지만 일하며 일상을 꾸려야 하는 생활인이기도 하기에, 쉽사리 여행자의 길을 선택하긴 힘들었습니다. 떠나는 동시에 돌아왔을 때의 일상도 생각해야 했으니까요. 그렇게 여행자의 꿈을 가슴 속에 품은 채 살아오다 캠핑을 알게 되었어요.

'매일 여행하며 살기는 어렵지만, 주말마다 떠나는 건 할 수 있지 않을까?'

주말이면 집에서 쉬기 바빴던 집순이는 그렇게 주말마다 자연 속에서 하루의 집을 짓는 캠핑을 시작했습니다. 커다란 캐리어에 여행 짐을 챙기는 것에 익숙해 있던 도시인이 배낭 하나에 짐을 꾸리는 캠퍼가 된 거죠. 그렇게 평일 5일은 도시 속에서 바쁜 일상을 보내고, 주말 이틀은 자유로운 여행자로 살아가는 '생활모험가'의 삶을 살고 있습니다. 많은 걸 놓아버리지 않고도 우린 충분히 자유로울 수 있었고, 일상과 캠핑은 서로에게 좋은 영향을 주고받으며 느슨한 연대를 이어나가고 있어요.

캠핑을 통해 굳이 멀리 떠나지 않아도 가까이에 있는 자연을 즐기고 계절을 만끽하는 법을 알게 되었고, 조급했던 도시의 마음들을 하나둘씩 내려놓는 연습도 할 수 있었어요. 무엇보다 자연 가까이에서 자연스럽게, 나답게 살아가는 법을 배울 수 있었습니다.

작은 호기심에서 시작된 캠핑은 이렇게 점점 삶의 중심으로 들어와, 가치관도 자연과 닮아가고 있어요. 처음 캠핑을 시작할 때의 마음을 곰곰이 떠올려보면 막막한 것들이 많았어요. 장비를 갖추느라 진이 다 빠지지 않을까 걱정하기도 했죠. 하지만 오랜 시간 캠핑을 해보니 꼭 많은 장비를 갖추지 않아도, 자연의 시간을 즐기려는 마음을 먹는 것부터가 캠핑의 시작이란 생각이 듭니다.

꼭 필요한 짐만 챙겨 언제든 쉽고 가뿐하게 떠날 수 있는 나만의 '작은 캠핑'을 만들어보는 거예요. 적은 짐으로 부담 없이 시작해 나만의 캠핑 루틴을 만들고, 자연 놀이를 즐기는 것.

우리, 작은 캠핑을 시작해봐요.

Contents

008 Prologue

1.

**캠핑이
있는
기쁨**

016 시작은 그렇게 가뿐히

020 생각해봐요, 나의 취향에 대해

024 주말 이틀의 힘은 생각보다 강해요

028 만나볼까요, 자연 속에서 더 자연스러운 나

032 기꺼이 사서 고생하는 즐거움

036 이것으로 충분하지 않을까,

집에 대한 생각이 바뀌다

039 그래서 작은 캠핑을 떠납니다

041 캠핑 노트

2.

**캠핑,
준비해
볼까요**

048 누구와 함께 갈 건가요?

050 나에게 맞는 캠핑과 캠핑용품 찾기

056 캠핑 필수 아이템을 소개합니다

086 캠핑 감성 아이템 갖추기

092 사지 마세요, 먼저 빌려보세요

096 우리집엔 이미 캠핑용품이 있다?

100 캠핑, 어디로 가야 할까요?

115 캠핑 노트

3. ─────────────────────────

작은
캠핑,
시작합니다

(122) 작은 캠핑 연습해볼까요

(126) 피크닉과 캠핑 사이, 캠프닉

(130) 당일 캠핑부터 해봐요

(134) 1박 2일 캠핑 짐 꾸리기

(146) 하루의 집 짓기

(158) 심플하고 맛있는 간단 캠핑 요리

(174) 캠핑 매너

(178) 캠핑용품, 오랜 친구가 되다

(193) 캠핑 노트

4. ─────────────────────────

작은
캠핑을
즐겨요

(200) 계절 산책자의 시간

(212) 커피의 시간

(222) 겨울의 차, 뱅쇼

(226) 도시의 잔재는 사르르, 불멍 타임

(234) 따로 또 같이

(238) 비워내고 채워가기

(241) 캠핑 노트

(242) Epilogue

1.

한 걸음 한 걸음 새로운 풍경으로 나아가는 것. 처음엔 익숙하지 않아 서툴기도 했지만, 너그러이 품을 내어주는 자연으로 향하는 마음은 늘 따뜻했습니다. 지루했던 일상에 불어온 캠핑이라는 상쾌한 바람은, 어느새 저를 단단하게 지탱해주고 있었습니다.

시작은 그렇게 가뿐히

저는 무언가를 시작하기 전에 꼼꼼히 조사하는 습관이 있어요. 이를테면 '돌다리도 두들겨보고 건너는' 타입이랄까요. 캠핑을 시작하기 전에도 당연히 책, 잡지, 블로그 등 다양한 자료들을 찾아봤어요. 결론은 저와 잘 맞진 않을 것 같았죠. 하하. 집순이인 제가 밖에서 집을 짓고 잠을 잘 수 있을 거라곤 상상도 하지 못했거든요. 그랬던 제가 배낭 하나에 모든 짐을 다 넣고 떠나는 백패킹으로 캠핑에 입문하게 될 줄은 정말 몰랐습니다.

생각해보면 어떤 일들은 기대한 흐름에 의해서 나도 모르는 새 흘러가는 때가 있는데, 제가 캠핑을 시작하게 된 것도 '인생에 어떤 바람이 부는 때'였던 것 같아요. 어디선가 바람이 휙 불어왔고, 바람에 몸을 맡기니 어느 순간 텐트를 치고 자연의 시간에 포옥 안겨 있는, 퍽 행복한 얼굴을 한 제 모습을 발견할 수 있었죠. 떠올려보면 늘 안정적인 선택을 하다가, 조금 모험심이 발동했던 것 같아요. 계산기를 두드리기보다는 마음이 끌리는 쪽으로 슬쩍 가보고 싶었어요. 설령 그곳이 가본 적 없는 낯선 곳이거나 도착해서 아차! 싶을지라도요. 결과적으론 단순히 취미 선택의 차원이 아니라, 삶의 방향키를 틀게 된 선택이었지만 그때만큼은 의외로 크게 고민하지 않았다는 게 참 신기해요. 일단 해보고 아님 말지 뭐, 싶은 단순한 생각 덕분이었지만요.

어설프게 배낭을 꾸리고 첫 백패킹을 떠나던 날, 차창에 비친 제 얼굴이 정말 어린아이마냥 밝고 좋아 보였어요. 캠핑은 생각했던 것보다 무척 즐거웠어요. 어설픈 솜씨로 뚝딱대며 지은 텐트 안에 벌렁 누워 새소리를 듣고 있자니, 자꾸만 미소가 지어졌습니다. 이런 나를 보는 게 얼마만인지. 텐트를 치고 밥을 짓는 단순한 일과가 참 좋았습니다. 내가 좋아하는 걸 했을 때의 행복함을 느낄 수 있었어요. 그동안은 내가 하고 싶은 것은 꾹꾹 누른 채, 해야 하는 것만을 바라보며 달려왔기 때문일까요. 한없는 자유, 다 품어주고 묵묵히 흐르는 자연의 시간, 아마 저에겐 여유가 필요했던 것 같아요. 그래서 캠핑에 끌렸을지도 모르겠습니다. 힘들지 않을까? 불편하지 않을까? 떠나기 전에 걱정했던 모든 것들이 다 녹아내렸습니다. 서툴지만 행복했던 첫 캠핑 덕분에요.

이렇듯, 저와 잘 맞을지 따져볼 틈도 없이 캠핑은 정말이지 난데없이 제 인생에 처들어왔어요. 그 낯선 손님의 손을 덥석 잡고 지금까지 가장 친한 친구로 함께하고 있고요. 배낭에서 짐을 꺼냈다가 다시 꾸리기를 몇 번이나 반복하고, 텐트 하나 칠 때도 우왕좌왕 헤매기 일쑤였던 첫 캠핑의 순간. 무언가에 그렇게 열정을 쏟고 순수하게 몰두한 적은 오랜만이었습니다. 성인이 되고 난 뒤 이렇게까지 새로운 세계를 접해본 게 언제였던가 싶을 정도로요.

느닷없이 시작한 캠핑 생활은 생각지도 못하게 좋은 것들로 가득했지만, 사실 모든 것이 좋기만 한 건 아니었어요. 다만 좋은 것들의 힘이 훨씬 더 크기에, 나머지 좋지 않은 것을 상쇄할 수 있는 게 아닐까 싶어요. 첫 캠핑은 텐트를 치는 것부터 시작해, 그동안 해보지 않았던 일들을 시도하게 되는데요. 일상적인 일들과는 정말 거리가 먼, 낯선 것들로 가득찬 그 생경함이 오히려 신선하게 다가왔던 것 같아요.

이건 아마 낯섦을 배척하기보다는 즐겁게 받아들이려는 마음 덕분이 아니었을까 싶어요. 일단 그 마음만 가져가도 캠핑은 생각보다 더 좋을 거에요. 제가 '나는 캠핑에 잘 맞을지'를 고민했을 때, 머릿속으로 판단했던 대로만 행동했다면 지금도 캠핑과는 전혀 관계없는 삶을 살고 있을지도 모르겠어요. 캠핑에 맞을지, 맞지 않을지는 실제로 해보지 않으면 알 수 없으니까요.

작은 캠핑, 다녀오겠습니다

생각해봐요,
나의 취향에 대해

어렸을 때, 이모가 딸기 아이스크림을 사주며 그랬어요. "너는 딸기 아이스크림을 좋아하잖아." 당시에 같이 살던 이모가 저도 모르던 제 취향을 꿰고 있던 거예요. '아, 그랬구나. 어쩐지 딸기 맛이 끌렸는데… 나는 딸기 아이스크림을 좋아하는구나.' 이모의 그 한마디에 참 감동했던 기억이 있어요.

내가 사랑하는 이가 무엇을 좋아하고 싫어하는지, 어떤 순간에 싱긋 웃는지, 어떤 음식을 좋아하는지. 누군가를 사랑하면 세세한 것까지 다 마음에 담아두고 신경 쓰게 되죠. 그럼 나 자신에 대해서는요? 내가 누군가의 취향을 줄줄 꿰는 것처럼 자기 자신에 대해서도 잘 알고 있나요? 의외로 자신의 취향에는 관심이 없거나 무심한 경우가 많아요.

생각해보면 저도 그랬어요. 캠핑을 하기 전의 저는 주말이면 하루에 영화 세 편을 연달아 보며, 침대에 꿀이라도 발라놓은 듯이 누워 있길 좋아하는 사람이었어요. 평일에 미뤄뒀던 약속에 주말 하루를 쓴다 치면 나머지 하루는 반드시 집콕을 해야 하는 지독한 집순이였죠. 주말이 이틀이라 얼마나 다행이었는지 모를

작은 캠핑, 다녀오겠습니다

정도로요. 30년 가까이 '나는 조용히 혼자 있는 걸 좋아하며 외출을 즐기지 않는 집순이구나' 이렇게 생각하며 살아왔어요.

지금의 저는 정반대가 돼버렸어요. 주말엔 거의 집에 없어요. 심지어 밖에 집을 짓고 잠을 자기까지 하죠. 전에는 씻지 않으면 집 앞 마트조차 나가지 않았는데 이젠 클렌징 티슈 한 장에 행복해하고, 못 씻게 돼도 '어쩔 수 없지~' 해요. 캠핑을 갈 때마다 거친 환경에 잘 적응하는 스스로에게 놀란 적이 한두 번이 아니에요. 지독한 집순이인 줄 알았던 저에게 '자연인 본능'도 있다는 걸 알게 된 거예요. 밖에서 자고, 소꿉놀이하듯 사부작거리는 게 아무래도 취향에 잘 맞았던 모양이에요. 이렇게 나를 새로이 알아가는 건, 태어나서 지금까지 자란 익숙한 동네를 낯설게 여행하는 것처럼 신선한 기분이 들기도 합니다.

캠핑을 시작하기 전에 나의 취향을 알아보는 건 꼭 필요한 과정이에요. 나는 어떤 걸 좋아하고, 어떤 건 싫어하는지, 그리고 왜 캠핑에 관심이 생겼는지, 캠핑에서 해보고 싶은 일은 무엇인지, 간편한 게 좋은지, 조금 손이 가더라도 예쁜 게 좋은지 떠올려보세요. 캠핑도 가뿐하게 떠나는 것과 묵직하지만 조금 더 편리한 것 등 종류가 다양하거든요. 나에게 맞는 캠핑을 찾아가는 과정이 필요해요. 그러기 위해 우선 스스로의 취향에 대해 생각해보고, 내게 맞는 스타일로 캠핑을 준비하는 것이 즐거운 캠핑을 위한 첫걸음이 될 거예요.
그렇게 조금씩 자신에 대해 곰곰이 알아가다 보면, 의외로 지금껏 자신의 취향에 대해 오해하고 있었을지도 몰라요. 예전의 저처럼.

주말 이틀의 힘은
생각보다 강해요

평일 5일과 주말 이틀, 물리적인 시간은 평일이 훨씬 길지만 늘
우리의 마음은 주말 이틀에 기울어 있죠. 이틀, 48시간을 어떻게
보내느냐에 따라 평일의 기분과 컨디션이 좌우되곤 합니다. 그
래서 우린 주말을 더 즐겁게 보내야만 하고, 그렇게 얻은 주말의
힘으로 주중을 버티는 것이 아닐까 싶어요.

주말엔 그저 드러누워 쉬고만 싶었던 시절이 있었어요. 주중에
회사에서 열심히 일하고, 가진 에너지를 다 소진하는 걸 당연하
게 생각했었죠. 그만큼 일이 재밌기도 했지만, 나 자신이 점점
닳아가는 건 깨닫지 못했어요.
충전이 필요하다는 건 느꼈지만 그 방법을 몰라 서툴렀던 날들.
그냥 아무것도 안 하고 쉬면 되겠지 싶어서 종일 침대에서 뒹굴
며 자다 깨기를 반복했죠. 그게 쉬는 것인 줄 알았지만, 피로가
풀리진 않았어요.

캠핑을 시작하니 주중보다 주말이 더 바쁘고 분주해지더라고요.
하지만 에너지는 더 넘쳐흘렀어요. 출근할 때보다 오히려 더 빨
리 일어나 덩치 큰 배낭을 들쳐 메고 산으로, 바다로, 들로, 섬으

로, 주말마다 전국 방방곡곡을 쏘다니기 일쑤였습니다. 집순이었던 제가 캠핑이라니, 심지어 배낭 하나에 모든 짐을 넣고 떠나는 백패킹을 하게 되다니요.

그런데, 자연 속에서 텐트를 치고 야영하는 캠핑 생활은 의외로 저에게 잘 맞았습니다. 목적지로 향하는 버스나 기차 안에서 몸통만 한 배낭을 끌어안고 꾸벅꾸벅 졸면서도 그렇게 행복할 수가 없었어요. 매일매일 비슷했던 모노톤의 일상은, 어느새 색색의 다양한 모험으로 가득차기 시작했습니다. 주말 이틀 동안의 크고 작은 모험의 순간에서 일상의 고민이나 스트레스를 해소할 수 있었어요.

한 걸음 한 걸음 새로운 풍경으로 나아가는 것. 처음엔 익숙하지 않아 서툴기도 했지만 너그러이 품을 내어주는 자연으로 향하는 마음은 늘 따뜻했습니다. 캠핑을 백패킹으로 시작한 탓에 무거운 배낭을 메고 떠날 때면 '내가 왜 이 고생을 하고 있지' 싶을 때도 있었어요. 배낭의 무게가 마치 인생의 무게처럼 느껴졌죠. 이게 여행인지 고행인지 생각이 들었던 초보 시절입니다.
그런데 신기하게도 집으로 돌아가면 다시 그 고생의 순간이 그리워지곤 했어요. '배낭은 잘못한 게 없다, 무겁게 꾸린 내 잘못이다' 하며, 돌아오자마자 다시 떠날 궁리를 하고 있더라고요. 마음이 자연 속에서 보낸 단순한 순간에 머물러 있었어요.

주말에 캠핑을 다녀오면 몸은 피곤해도 정신은 더 맑고 선명해졌어요. 주말 이틀의 힘으로 평일을 씩씩하게 보냈습니다. 에너지가 소진될 때쯤엔 다시 캠핑을 떠나는 일을 반복하며 삶의 균형을 점점 맞춰가고 있었던 거죠.

지루했던 일상에 불어온 캠핑이라는 상쾌한 바람은, 어느새 저를 단단하게 지탱해주고 있었습니다.

만나볼까요,
자연 속에서 더 자연스러운 나

봄이면 피어나는 새싹에 감격하고, 여름엔 푸릇한 에너지에 흐르는 땀방울도 시원하게만 느껴지며, 가을엔 단풍 가득한 숲 걷기를 마냥 좋아하게 되는 것. 겨울에 눈이 펑펑 내릴 때면 얼른 밖에 나갈 채비를 하는 것. 캠핑이라는 '자연 놀이'를 하면서 모든 계절이 좋아졌어요.

도시에선 알 수 없었던 계절의 선명한 색을 자연 속에서 느낀 이후부터, 모든 계절의 사랑스러운 면면들이 눈에 들어오기 시작했습니다. 여름이라 덥고 겨울이라 추운, 당연한 자연스러움을 받아들이며 계절 속으로 풍덩 뛰어드는 즐거움에 빠졌어요. 더워서 싫었던 여름이, 이젠 뜨거운 청춘 같아서 사랑스럽게만 느껴지고, 추운 걸 질색해서 힘들었던 겨울이, 이젠 '겨울 놀이'를 할 수 있어 신나는 계절이 되었어요. 짧게만 느껴져서 아쉬웠던 봄가을은 자연 속에선 좀 더 오래 즐길 수 있다는 것도 알게 됐고요.

봄, 여름, 가을, 겨울 계절마다 다른 얼굴로 다정하게 곁을 내어주는 자연. 자연은 늘 그 자리에서 우릴 우직하게 기다리고 있었어요. 지치고 힘들 때면 나무 그늘을 드리워줬고 나직이 바람을 보내줬죠. 그 안에 안겨 있을 때면 아무것도 하지 않아도 좋았고. 이내 미소가 번지곤 했어요. 내내 두 손에 꼬옥 쥐고 있던 걱정거리들은 어느새 사라지고, 뾰족하게 날이 서 있던 마음도 조금씩 둥글둥글해졌습니다. 매번 달라지는 자연의 얼굴을 보러 가는 캠핑 전날은 아직도 마음이 소풍 전날처럼 들뜨고 설렙니다. 저도 점점 자연을 닮아가는 모양이에요.

기꺼이 사서
고생하는 즐거움

버튼만 누르면 물이 나오고, 거실에선 로봇 청소기가 알아서 청소를, 식기세척기가 설거지를 하는 풍경이 흔해진 요즈음. 이렇게 편리한 세상에서 캠핑이란 취미 생활을 한다는 건 어쩌면 '원시 체험'이라 느껴질 수도 있을 거예요. 캠핑을 하다 보면 심지어 휴대폰이 터지지 않는 곳도 있고요. 집을 짓는 것부터 물 한 잔 마시기까지 하나하나 다 내 손을 빌리지 않는 것이 없죠. 일상과 비교하면 불편한 것투성이예요. 그런데 이상하죠. 우리는 이런 '사서 고생하는' 일들에서 재미를 느끼곤 합니다.

영화 〈리틀 포레스트〉를 보셨나요? 이 영화에서 주인공은 토마토를 먹기 위해 토마토를 심는 것부터 시작하는데요. 이걸 언제 키워서 언제 먹나 싶어도, 그 기다림의 시간 덕분에 주인공은 더 달디단 토마토를 한입 와앙 깨물게 됩니다.
느리고 손이 많이 간다는 점에서 캠핑도 번거로운 일이라 생각할 수 있어요. 아무리 장비를 철저하게 준비해도 집처럼 편할 수만은 없기에, 약간의 불편함을 즐기는 마음이 필요해요. 그렇게 일부러 불편해지는 경험을 통해 일상의 소중함을 깨닫고, 다시 그 불편함 속으로 기꺼이 뛰어드는 게 캠핑의 묘미라 할 수 있어요.

요즘처럼 빠른 변화의 시대에 캠핑을 찾는 인구가 늘어난다는 건 어찌 보면 지금을 사는 우리에게도 그 속도가 때론 버거운 게 아닐까 싶어요. 캠핑을 가면 자연 속에서 내 몸을 움직여 정직하게 얻는 것에 대한 가치를 다시 생각해보게 돼요. 조금 느리고 불편해도 괜찮은 것. 돌아온 일상을 다시 힘차게 살아갈 에너지를 얻는 것. 아마도 이건 캠핑이, 자연이 준 선물이 아닐까요.

이것으로 충분하지 않을까,
집에 대한 생각이 바뀌다

때마다 새로운 장소, 내가 원하는 곳에 잠시 머물 집을 짓는 캠핑. 캠핑을 막 시작했을 때는 정말 주말마다 짐을 꾸리기 바빴습니다. 집에 돌아오는 길엔 다음주 계획을 세우느라 분주했죠. 캠핑의 매력에 그야말로 폭 빠진 거예요.

그러다 결혼을 하면서 집을 따로 구하지 않고, 남편이 혼자 살던 집에 제가 들어가서 같이 생활하는 방식을 택했는데요. 처음부터 너무 무리해서 시작하고 싶지 않았달까요. 조금 천천히 가더라도 우리 힘으로 해보자는 생각에 작은 살림으로 꾸려나가는 쪽을 선택했어요. 굳이 크고 새로운 집이 필요하단 생각은 들지 않았거든요. 주중에는 직장 생활을 하느라 집에선 잠만 자고 나오는 정도였고, 주말엔 캠핑하러 밖에 나가기 바빠 집에 머물 시간이 상대적으로 적을 수밖에 없었으니까요.

사실 캠핑의 집인 텐트와 비교하면 '집'이란 곳은 정말 어마어마해요. 텐트는 얇은 천 하나로 바깥으로부터 우릴 지켜주는데, 집은 튼튼한 벽에 넓은 방과 거실, 따뜻한 물이 콸콸 나오는 화장실까지 있으니 말이죠. 주중엔 집에서, 주말엔 텐트에서 자는 생활

작은 캠핑, 다녀오겠습니다

을 하다 보니 도시에 있는 집이 비나 눈이 와도, 어떤 악천후라도 우릴 안전하게 지켜주는 '대형 텐트'처럼 느껴졌죠. 특히 겨울에 집에서 온수로 샤워하고 포근한 이불 속으로 파고들 때면 지금도 행복함이 절로 솟아나곤 해요. '아, 이렇게 돌아올 집이 있어서 정말 행복하다' 하고요.

떠나고 돌아옴을 반복하는 우리를 늘 기다리고 반갑게 맞아주는 따스한 공간, 작은 집이나마 돌아올 곳이 있어 무척이나 행복합니다. 캠핑을 하기 전에는 집이란 '당연한 곳'이란 생각이 강했어요. 하지만 그 당연함을 조금 떨어져 바라보니, 집의 소중함을 느끼고 감사히 여길 수 있게 되었어요.

언제나 넉넉한 품을 내어주는 자연 속에서 하루의 집을 짓는 캠핑을 할 때면 '충분함', '적당함'을 많이 떠올립니다. 작은 텐트 안에서 침낭을 뒤집어쓰고 잠을 잘 때도, 소꿉장난을 하듯 간소한 도구들로 끼니를 만들어 먹을 때도, 우리가 평소에 누리는 것들을 돌아보곤 합니다. 적은 짐으로도 충분하다고요.

굳이 밖에서 사서 고생하면서 그걸 깨달아야 하냐고 묻는 분들도 있어요. 그 당연함을 누리며 편히 집에 있으면 되지 않냐고요. 참 신기하게도 집을 나서야만 알 수 있는 것들, 떠나봐야 알 수 있는 것들이 많아요. 그래서 우린 늘 떠나고 돌아옴을 반복하는 것 같아요. 가진 것에 감사하고, 돌아온 일상을 다시 소중히 여기며 살아가라고. 자연의 시간은 우리에게 늘 그리 말해주니까요.

작은 캠핑, 다녀오겠습니다

그래서 작은 캠핑을
떠납니다

캠핑을 가는 주말엔 자연의 에너지를 담뿍 받아오고, 나가지 못하는 날에는 캠핑에서 얻은 에너지를 야금야금 나눠 쓰는 즐거움. 캠핑은 일상의 분주한 나, 자연의 느긋한 나 사이에 균형을 맞추며 살아갈 수 있게 해줍니다.

그 균형을 만들려면 필요할 때 쉽게 떠날 수 있어야 하겠죠. 너무 많은 짐을 짊어지고 가기보다는, 언제든 떠나고 돌아올 수 있도록 가뿐한 짐으로 캠핑을 시작하고, 즐겼으면 좋겠습니다. 큰맘 먹고 떠나는 게 아니라 내가 원할 때 가볍게 떠날 수 있는 '작은 캠핑'을요.

차에 모든 짐을 싣고 떠나는 오토캠핑, 배낭에 모든 짐을 싸고 떠나는 백패킹, 자전거 또는 오토바이 등을 타고 떠나는 캠핑, 그리고 차에서 잠을 자는 차박 등 그동안 다양한 캠핑을 해봤는데요. 짐이 많을수록 편리했지만, 그만큼 짐을 풀고 세팅하느라 우리가 쉴 수 있는 시간이 줄어든다는 점은 아쉽기만 했습니다. 우리에게 주어진 하루, 또는 이틀의 시간. 순간순간이 아깝고 소중하기만 한 그 시간이 말이죠.

조금씩 짐을 줄이자고 마음먹었고, 그렇게 떠난 자연 속에서 간소한 짐으로도 충분히 캠핑을 즐길 수 있었습니다.

우리, 조금만 더 편하게 캠핑을 시작해보면 어떨까요. 딱 필요한 만큼만. 적당한 짐을 꾸려 떠나는 '작은 캠핑'으로 조금씩 자연과 가까워지고 캠핑과 친해지는 연습을 해보는 거예요.

적은 짐을 기준으로 본다면 배낭에 모든 준비물을 꾸리는 백패킹이 가장 작은 캠핑에 가깝겠죠. 하지만 꼭 백패킹으로 규정짓지 않아도 돼요. 어떤 형태의 캠핑을 하더라도 필요한 만큼의 짐만 챙겨 가뿐하게 떠날 수 있는, 많은 장비가 없어도 즐거울 수 있는 나만의 작은 캠핑을 만들어보는 거예요.
장비에 의존하기보다는 자연의 시간을 즐기는 마음, 캠핑에서 가장 중요한 준비물인 그 마음부터 챙겨 떠나는 것이 작은 캠핑입니다.

포기하고 내려놓은 물건의 아쉬움보다 가벼운 짐이 가져다주는 간소함과 가뿐함을 즐긴다면 분명 자연은 더 깊고 진한 여유를 우리 두 손에 쥐어줄 거예요.

처음 캠핑을 시도한다면 낯섦을 즐겁게 받아들이려는 마음을 가져보세요. 일단 그 마음만 가져가도 캠핑은 생각보다 더 좋을 거예요.

내가 왜 캠핑을 하려고 하는지, 왜 캠핑에 끌리는지 생각하는 그 마음을 잃지 않는다면 처음에 캠핑을 갔을 때 불편했던 것들은 조금씩 맞춰나갈 수 있어요.

캠핑을 시작하기 전에 나의 취향을 꼭 알아보세요. 캠핑도 가뿐하게 떠나는 것과 묵직하게 가는 것 등 종류가 다양하거든요. 나의 취향에 맞는 캠핑을 찾아가는 과정이 필요해요.

주말 이틀, 자연으로 잠시 떠나는 캠핑으로 삶의 균형을 맞춰봐요.

캠핑을 떠나면 도시에선 느낄 수 없었던 계절의 선명한 색이 느껴져요. 자연 속에서 더 자연스러운 나를 만날 수 있을 거예요.

캠핑은 아무리 장비를 철저하게 준비해도 집처럼 편할 수만은 없기에, 약간의 불편함을 즐기는 마음이 필요해요.

'작은 캠핑'은 딱 필요한 만큼만, 가벼운 짐을 꾸려 떠나는 캠핑입니다. 장비에 의존하기보다는 자연의 시간을 즐기는 마음을 가장 먼저 챙겨 떠나는 게 핵심이에요.

2.

다양한 캠핑 종류 중에서 내게 어떤 스타일이 맞을지 처음부터
알기는 쉽지 않아요. 그러니 처음부터 다 갖춰놓고 시작하는 게
아니라 하나씩 경험해가면서 판단하는 게 좋습니다. 나에게 맞
는 캠핑 스타일을 찾아가고, 장비를 선택하는 과정은 꼭 어린 시
절에 친구를 사귀는 과정과 비슷한 느낌이에요. 처음엔 낯설지
만, 점점 이 친구에 대해 호기심이 생기고 나와 닮은 점을 찾아가
는 과정들요.

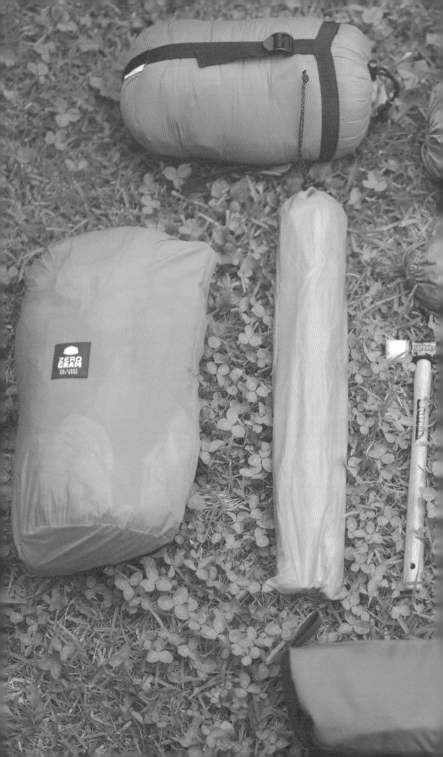

누구와 함께
갈 건가요?

흔히들 여행은 '어디로 가느냐'보다 '누구와 가느냐'가 더 중요
하다고 하죠. 그만큼 여행은 함께 하는 이에 따라 더 즐거울 수
도, 오히려 더 힘들어질 수도 있어요. 일상에서 벗어나 낯선 공
간에서 함께하다 보면 평소엔 보지 못했던 모습들이 툭 튀어나
올 수도 있고, 예민해지기도 하니까요.

캠핑은 일반적인 여행에서 조금 더 나아가 장소 정하기는 물론
집을 짓는 것부터 하나하나 다 해나가야 하는, 꼭 해야 할 것이
많은 활동이에요. 각자가 역할을 나누어 서로 돕는 것이 중요하
죠. 서툰 손길이라도 보태며 하나하나 만들어나가는 재미도 느
끼면서요.

마음 맞는 친구, 연인, 혹은 가족과 캠핑의 시간을 함께하고 나
면 왠지 모를 '전우애'까지 샘솟곤 해요. 하루이틀이라도 일상과
자연, 서로 다른 두 세계를 오가는 건 생각보다 멋지고 독특한 경
험이거든요.

캠핑은 되도록 여행 성향이 비슷한 이와 가는 것이 좋아요. 예를

들어, 나는 캠핑에서 낮잠도 자고 여유롭게 쉬고 싶은데 상대방은 같이 산책을 하거나 게임을 하고 싶을 수도 있잖아요. 여행을 가도 서로 성향이 달라서 의견 충돌이 생길 때가 종종 있는 것처럼, 좀 더 적극적인 활동인 캠핑에서도 충분히 그럴 수 있죠. 원하는 것이 비슷한 이와 떠나 함께하되, 각자의 시간도 가지면서 '따로 또 같이' 하는 캠핑의 일과를 보낸다면, 서로의 마음에 좀 더 가까워지는 걸 느낄 수 있을 거예요.

물론 혼자서도 충분히 캠핑을 즐길 수 있어요. 혼자 하는 캠핑, 즉 '솔로캠핑'을 떠나는 이들도 굉장히 많아요. 분주한 일상에서 벗어나 즐기는 자발적 고독. 때론 쓸쓸하고, 때론 후련하고. 자연과 단둘이. 하루 종일 아무 말도 하지 않아도 되고, 쉬고 싶은 만큼 쉬고, 목적지도 일과도 모두 내가 하고 싶은 대로 쉬고 즐기는 솔로캠핑의 매력에 빠지는 분들이 점점 늘어나고 있어요. 단, 이렇게 솔로캠핑을 떠날 때는 안전을 위해 캠핑장으로 떠나는 것을 추천할게요. 아무래도 캠핑장이 아닌 곳으로 혼자 갔을 때는 위험 상황에 대처하기가 어렵고, 도움을 구하기 힘들기 때문입니다. 특히 여성의 경우엔 더 많은 위험에 노출되어 있기에 조심하는 것이 좋지요.

홀로 떠나든, 누군가와 함께 떠나든 일상에서 잠시 벗어나 '자연스러운' 시간을 보낸다는 것 자체가 내게 온전한 쉼이 돼줄 거예요. 이번 주엔 누구와 자연 놀이를 함께 해볼까, 혼자 떠나보는 건 어떨까, 이렇게 떠올려보는 것만으로 마음은 캠핑의 시간에 빠져듭니다.

나에게 맞는 캠핑과
캠핑용품 찾기

정보 홍수의 시대. 정보를 얻을 곳이 너무 많아서 탈인 요즘입니다. 이건 누가 좋다고 하고, 저건 누가 좋다고 하고, 비싼 게 좋은 건가? 지인이 추천한 이게 좋은 거 아닐까? 난생처음 듣는 캠핑 용어들이 허공에 둥둥 떠다닙니다. 걱정하지 마세요, 모든 처음에 찾아오는 낯섦은 곧 지나가기 마련이니까요.

백패킹, 미니멀 캠핑, 오토캠핑, 자전거 캠핑, 차박 등 다양한 캠핑 종류 중에서 내게 어떤 스타일이 맞을지 처음부터 알기는 쉽지 않아요. 캠핑 스타일에 따라 필요한 장비와 용품도 조금씩 다르고요. 그러니 처음부터 다 갖춰놓고 시작하는 게 아니라 하나씩 경험해가면서 판단하는 게 좋습니다.

나에게 맞는 캠핑 스타일을 찾아가고, 장비를 선택하는 과정은 꼭 어린 시절에 친구를 사귀는 과정과 비슷한 느낌이에요. 처음엔 낯설지만, 점점 이 친구에 대해 호기심이 생기고 나와 닮은 점을 찾아가는 과정들요. 그런 시간을 겪다 보면 나도 모르게 마음이 그쪽으로 점점 기울게 되잖아요. 무언가와 혹은 누군가와 가까워지는 것은 언제 겪어도 참으로 따뜻하고 몽글한 순간이죠.

이런 과정을 거쳐야 비로소, 우리는 캠핑과 친해질 수 있어요. 무턱대고 장비를 사버리면, 나중에는 쓰던 걸 처분하거나 집에 쌓아두게 되는데요. 이런 상황이 상당한 피로감을 몰고 오고, 즐거우려고 한 캠핑이 자칫 귀찮고 번거롭게 느껴질 수도 있어요. 그렇기에 캠핑용품은 처음에 제대로 꼼꼼히 고르되, 나중에 새로운 장비를 살 때는 되도록 기존 것과 겹치지 않게, 만약 겹친다면 기존 것을 처분하고 사는 것을 추천해요.

그렇다면 나에게 맞는 캠핑용품은 어떻게 골라야 할까요? 우선 나에게 맞는 캠핑 스타일을 아는 게 중요해요. 이어지는 내용을 보고 나는 어떤 캠핑이 끌리는지 생각해볼까요.

"가볍게 배낭 하나만 메고 한갓지게 떠날래요."
캠핑 가서 트래킹이나 등산도 하면 좋고
너무 짐이 많지 않은 게 좋다면, 백패킹

↑ 배낭 하나에 모든 짐을 넣고 떠나는 '백패킹'을 추천해요. 이런 경우 가볍고 부피가 작은 아이템을 선택합니다. 되도록 작게 접히거나 분리가 되는 아이템이 배낭에 수납하기 좋아요.

▲△tip 이 책에서 우리가 이야기하는 작은 캠핑이 꼭 배낭 하나만 메고 떠나는 백패킹만을 칭하는 것은 아니에요. 과하지 않은 짐으로 가볍게 떠나서, 장비를 갖추고 세팅하느라 시간을 보내는 것보다 자연 속 여유와 휴식을 우선시하는 캠핑은 모두 '작은 캠핑'이랍니다.

"예쁜 아이템도 세팅하고 아기자기한 캠핑을 즐기고 싶어요."
☞ 짐이 너무 많아지는 건 부담스럽지만 조명, 장식 등
감성 아이템은 포기할 수 없다면, 미니멀 캠핑

↑ 필수 장비에 아기자기한 소품이나 조명을 더하는 '미니멀 캠핑'을 추천해요. 미니멀 캠핑의 범위는 제법 넓은 편인데요. 대중교통을 이용할 수도 있고, 차를 가지고 떠나기도 하죠. 핵심은 부담스럽지 않은 짐이에요. 부피가 너무 크지 않은 필수 장비들에, 포인트를 주는 감성 아이템들을 더합니다. 배낭에 기본 장비를 챙기고, 좀 더 추가하고 싶은 아이템을 한두 가지 정도 더 챙긴다고 생각하면 됩니다.

"크고 넓은 공간에서 편히 쉬고 싶어요."
부피가 크고 무겁더라도 장비가 많은 것이 좋다면, 오토캠핑

↑ 차에 모든 짐을 싣고 떠나는 '오토캠핑'을 추천해요. 자동차로 이동하는 경우 부피가 크거나 무거운 장비도 실을 수 있지만, 짐 가짓수가 많아지는 만큼 세팅과 철수에 드는 시간이 오래 걸려요.

작은 캠핑, 다녀오겠습니다

이외에도 자동차를 텐트로 쓰는 차박, 자전거에 짐을 싣고 떠나는 자전거 캠핑, 비슷한 맥락으로 오토바이에 짐을 싣고 떠나는 모토 캠핑 등 다양한 방식의 캠핑이 있어요. 일단 필수 장비만 갖추고 조금씩 나에게 맞는 캠핑 스타일을 찾아가는 건 어떨까요. 우리의 작은 캠핑에는 백패킹과 미니멀 캠핑의 규모가 알맞아요. 작게 접히거나 가벼운 장비로 짐을 꾸리는 거죠. 너무 편리하거나 큰 장비부터 시작하는 것보다는 조금 불편해도 작은 것부터 늘려나가보세요. 소박한 행복을 얻을 수 있을 거예요.

캠핑 필수 아이템을
소개합니다

1박 2일 캠핑을 하기 위해 꼭 필요한 장비는 텐트, 침낭 등이 있어요. 캠핑용품은 가능하면 오프라인에서 직접 본 뒤에 구매하는 게 가장 좋습니다. 특히 텐트나 침낭 같은 제품은 가격대도 높고 한번 사면 오래 사용하는 아이템이기 때문에, 처음부터 꼼꼼하게 다양한 용품들을 비교해가며 구매하는 것이 중요해요. 오프라인 매장에 가면 직원에게 도움을 청할 수도 있고, 다양한 아이템들을 구경하는 재미도 있답니다. 많이 보면서 내 안목도 높이고 정보를 쌓는다고 생각하면 오프라인 매장은 놀이터처럼 즐거운 공간으로 느껴질 거예요.

▲△tip 캠핑 아이템을 살 수 있는 오프라인 매장은 크게 세 가지로 나눌 수 있어요. 캠핑 편집숍, 할인매장, 캠핑 브랜드 매장입니다. 개인적으로는 의류부터 장비, 소품까지 한눈에 볼 수 있는 편집숍을 가장 선호해요. 할인매장은 경기 인근 등 외곽에 위치한 곳들이 많아요. 창고형 매장 느낌으로, 제품도 많고 규모가 어마어마하게 큰 곳들도 있답니다. 캠핑 브랜드 매장은 한 브랜드의 다양한 제품군을 꼼꼼하게 볼 수 있는 장점이 있어요.

작은 캠핑, 다녀오겠습니다

꿈꾸던 캠핑 감성은 이런 것이었어요.

1. 예쁜 의자에
2. 예쁜 조명
3. 턴테이블 ♪♬
4. 예쁜 캠핑카

(를 가진 캠퍼를 시켜는 것 ☺)

한때는 겉이 예쁜캠핑을 꿈꾸었지만, 지금은 좀 달라요.

내 마음 고요한 시간,
    편안한 공간, 그리고 사랑하는 사람 ♥
        그게 진짜 예쁜 것 같아요.
모든걸 다 갖추지 않아도, 떠날 준비가
        되었다고나 할까요 ⁀◡⁀.

요즘 음악을 듣는 재미에 빠져 있습니다. 제 플레이리스트를
채워준 유튜브 드리머님 덕분입니다. 천성이 게으른 탓에 좋아하는
곡을 모을 줄도 몰랐고, 그러니 누군가에게 곡을 추천해달라 하려
해도 기존의 머랭창하 신통한 걸마를 얻지 못했던 저로서는,
곡 하나만 찍어면 딱 그 취향의 곡을 줄줄이 들려주는 유튜브의
< 뮤직스테이션 > 기능이 딱이었고요. 듣는재미가 생기니 장비
욕심도 생겨서, 제로 장만한 것이 보스의 블루 오디오 선물과소입니다.
조용한 숲속에 텐트를 치고, 해먹을 달고, 내 귀에만 속삭여주는
선물과소의 노래를 새소리 바람소리와함께 듣고싶어요.
제가 요즘 꿈꾸는 ˚작은캠핑˚의 장면입니다.

'자기만의 방 마을'은 가상의 작은 마을입니다. :)

자방의 책을 선택한 여러분은 이 마을의 주민이 되었습니다.

마을에는 일곱 채의 주요 건물이 있습니다.

각 건물은 우리의 일상에 어떤 역할을 하느냐에 따라 나뉘는데요.

1관 생활관 나를 돌보는 라이프스타일을 제안합니다.

2관 여행관 오늘이 행복해지는 여행을 소개해요.

3관 취미예술관 아티스트처럼 즐길 수 있는 취미예술을 찾아봐요.

4관 심신수련관 몸과 마음을 돌보는 방법을 배웁니다.

5관 문학관 삶의 태도를 제안합니다.

6관 교양관 나의 성장을 돕는 지식과 지혜를 담습니다.

7관 일관 현명하게 일하고 균형 있게 살아가는 방법을 찾습니다.

이런 가상의 마을을 만든 이유는 아주 심플합니다.

비슷한 고민을 하고, 비슷한 것을 좋아하고 즐기고,

지향하는 삶의 태도가 같은 방향인 사람들을 위한 책.

그런 책을 통해 소통하고 싶었습니다.

주민 여러분!

우리 '출판사와 독자'라는 사이를 넘어

서로 호감을 갖고 믿을 수 있는, 의지하기도 하고 응원해주는,

상대가 좋아하는 일을 기꺼이 돕는 그런 사이가 되었으면 좋겠습니다.

앞으로도 친하게 지내요. 입주를 축하합니다. :)

에디터스 레터 에서도 말씀드렸듯 섬 여행을 좋아합니다.
그리고 섬 여행을 갔을때 특히 캠핑을 하고 싶다는 마음이
가장 강렬해져요. 끝없는 바다, 일렁일 때마다 반짝이는 윤슬,
저멀리 수묵화처럼 보이는 작은 섬들.
그걸 보고 있으면 저는 우주의 먼지처럼 작아지고,
마음은 어지럽혔던 생각들도 먼지처럼 흩어집니다.
그러면 그만큼 저는 또 우주에서 커다란 존재가 되지요.
이런 묘한 경험들 때문에 섬을, 바다를 좋아합니다.
그래서 온종일 그 풍경 속에 있고 싶고
해가 뜨고 지는 모습까지 오롯이 보고 싶은데
그러려면 캠핑밖에 답이 없더라고요.
이 글을 쓰는 저는 다음달 2년만에 섬에 갑니다. (안전히.!!)
오랜만이라 뭘 좀 바탈지 고민됩니다가 차근차근 시작하자는
마음으로 경량의자를 검색해봅니다(?) 자세 시작해볼게요. 후후

↑ 굼요도 막걸리 ♥
← 청산도 막걸리 + 의자
                              ....

바다보며 마시는 막걸리! 너무 좋아합니다.
섬에서는 그 섬에서 만드는 막걸리를 마셔야 합니다.!!

희

1관 생활관

Room No. 101 안 부르고 혼자 고침

Room No. 102 좋아하는 곳에 살고 있나요?

Room No. 103 주말엔 옷장 정리

Room No. 104 젓가락질 너는 자유다

2관 여행관

Room No. 201 작은 여행, 다녀오겠습니다

Room No. 202 진짜 도쿄 맛집을 알려줄게요

Room No. 203 하루 5분의 초록

Room No. 204 미식가를 위한 일본어 안내서

Room No. 205 텐동의 사연과 나폴리탄의 비밀

Room No. 206 작은 캠핑, 다녀오겠습니다

3관 취미예술관

Room No. 301 **One Green Day**

Room No. 302 **Flower Dance**

Room No. 303 페이퍼플라워를 추천합니다

Room No. 304 수채화 피크닉

Room No. 305 **Merry Summer**

Room No. 306 **Merry People**

Room No. 307 새 크레파스 봉봉

Room No. 308 **Fruits Market**

Room No. 309 저는 종이인형입니다

Room No. 310 아방의 그림 수업 멤버 모집합니다

Room No. 311 작고 귀여운 펠트 브로치

Room No. 312 사진은 스타일링

Room No. 313 **Cafe Merry** 아크릴물감 컬러링 키트

4관 심신수련관

Room No. 401 이대로 괜찮습니다

Room No. 402 채식은 어렵지만, 채소 습관

Room No. 403 오랫동안 내가 싫었습니다

Room No. 404 **10kg** 빼고 평생 유지합니다

Room No. 405 힘든 하루였으니까, 이완 연습

Room No. 406 마음도 운동이 필요해

Room No. 407 나의 일주일과 대화합니다

5관 문학관

Room No. 501 빵 고르듯 살고 싶다

Room No. 502 무리하지 않는 선에서

Room No. 503 쉬운 일은 아니지만

Room No. 504 좋아하는 마음이 우릴 구할 거야

Room No. 505 할머니의 좋은 점

Room No. 506 사물에게 배웁니다

Room No. 507 고양이 생활

6관 교양관

Room No. 601 우리 각자의 미술관

Room No. 602 기록하기로 했습니다

7관 일관

Room No. 701 나의 첫 사이드 프로젝트

POP-UP STORE

Room No. P03 오늘부터 300일

날씨가 좋습니다. 바람은 선선하고 하늘은 맑아요. 이런 날에는 '아무것도 하지 않으려' 캠핑을 떠나고 싶습니다. 🏕️🌳

이 책 〈작은 캠핑, 다녀오겠습니다〉 덕분에 알게된 캠핑의 가장 큰 매력이에요. 작가님은 캠핑이 매로 너무 빠른 속도로 살아가는 우리에게 늦추한 쉼을 내려주고요, 캠핑에서 '아무것도 하지 않는' 시간의 힘을 알려주시는데요. 예를 들면 모닥불 피고 불멍하기 🔥, 산을 보면 산멍하기 🏔️, 물을 보면 물멍하기 〰️, 숲에서 숲멍하기 ⋯ 이렇게 가만히 캠핑의자에 몸을 기대고 자연을 느끼는 거예요. 도시에선 일하느라 생활하느라 머리가 쉴틈이 없는 우리에게 이런 시간은 정말 귀하잖아요. 금요일 오후, 부지런히 퇴근을 해서, 꼭 필요한 것만 담은 가벼운 배낭을 들고 캠핑을 가고 싶어요. 🌍 나무그늘 아래 의자에 편히 누워 바람에 흔들리는 나뭇잎들의 소리를 한참이 그저 듣다가, 저녁엔 모닥불을 피우겠죠. 나무라는 냄새, 일렁이는 불꽃을 보며 잡념을 태워버리는 거예요. 그리고 문득 올려다본 밤하늘에 반짝이는 별들도 눈에 가득 담고요. 거창한 요리 없어도, 엄청난 장비가 없어도 캠핑은 그저 이것만으로 충분하단 걸 이제는 압니다. 주변 지인에게도 고생한 나에게 작은캠핑으로 아무것도 하지 않는 시간을 선물해보길, 강력 추천합니다! ✨🌟

🔥✨

안녕하세요, 자방 주민 여러분들 —
생활오형가입니다 :)

소중하고 오래된 우리의 친구, 캠핑을 여러분들께
소개할 수 있어 반갑고 설레는 마음입니다.

이 책을 쓰면서 자연스레 캠핑을 시작하던 시절을
떠올리게 되었는데요. 캠핑이란 새로운 세계를 만나,
온통 좋았던 기억만 가득했던 자연의 시간.

그 시간을 오래오래, 또 많은 분들과 함께 하고 싶어
각자 잘할 수 있는 방법대로 남편은 사진과 영상,
아내는 글로 자연의 순간을 담고 있습니다.

가뿐했던 시작은 더 멀리 — 까지 나아갈 수 있게 해주었고,
무채색이던 일상에도 알록달록 고운 색을 입혀주었어요.

오로지 저희가 안내하는 '작은 캠핑'을 통해
자방 주민 여러분들도 자신만의 '작지만 큰 세계, 나만의 숲'을
만들어 버리셨으면 좋겠습니다.

맑은 계절의 어느 날,
생활오형가 드림"

206호 입주를, 환영 합니다!!

2관 [여행관] 206호

『작은 캠핑, 다녀오겠습니다』를 선택한 여러분은 이제 자기만의 방 주민이 되셨습니다.

듣기만 해도 설레는 두 글자, 캠핑! 시작해보고 싶은데 '뭐부터 해야 되지?' 막막하다면 생활모험가와 함께 작은 캠핑을 떠나볼까요? =3=3=3

꼭 필요한 짐만 챙겨 훌쩍~ 자유롭게 ~~

이번 주말엔 아주 가볍게, 작은 캠핑 어때요?

☞ 자기만의 방 마을 소식지 2021 - 9

☞ 주민님들께 보내는 작가님의 손편지가 있어요!

☞ 에디터들이 꿈꾸는 캠핑 Story 수록!

✱ 주민 여러분이 꿈꾸는 캠핑은 어떤 캠핑인가요? ✱

안녕하세요, 연남동에서 책을 만드는 자기만의방 입니다. 줄여서 '자방'으로도 불려요.

자기만의 방 소식이 더 궁금하다면?
☞ 인스타그램 : @_jabang
☞ 유튜브 : '자기만의방' 검색!

텐트

하루의 집이 되어주는 텐트. 캠핑에서 가장 기본적으로 갖춰야 할 아이템이지만, 가격 부담이 큰 편이므로 처음 구매할 때 가장 꼼꼼하게 살펴보고 선택하는 게 좋아요. 텐트는 형태에 따라 티피형, 쉘터형, 돔형, 팝업형 등으로 분류할 수 있어요. 간편한 세팅을 중요하게 여긴다면 티피형 텐트를, 텐트가 무거워도 넓은 공간을 원한다면 거실형 텐트(오토캠핑에 적합해요)를, 가벼운 무게와 빠른 세팅을 원한다면 1~2인용 돔형 텐트를 선택해도 좋습니다.

인원에 따라 텐트의 사이즈도 다양해요. 처음부터 너무 큰 사이즈를 고르는 것보다는 초보자도 설치하기 쉬운 가볍고 작은 텐트부터 시작해서 조금씩 크기를 키워나가는 편이 좋아요. 주로 백패킹, 미니멀 캠핑용 텐트가 무게도 가볍고 설치도 간단한 편으로, 우리의 작은 캠핑에 잘 어울려요.

▲△tip 텐트는 실제 사용 인원 용도보다 조금 여유로운 사이즈를 고르는 것이 좋아요. 예를 들어, 혼자 사용한다고 해도 2인용 텐트를 쓰면 짐을 놔둘 공간도 확보하고 여유롭게 사용할 수 있거든요. 혹시 나중에 일행이 생겼을 때 함께 쓰기도 좋고요.

↑ 티피형 텐트입니다. 가운데 중심이 되는 폴대를 세우기만 하면 설치가 끝나 간편한 편이지만, 고정을 위해 텐트 가장자리에 팩을 박는 게 조금 번거로울 수 있어요.

↑ 거실형 텐트입니다. 침실로 쓰이는 이너텐트(텐트 내부에 설치하는 별도의
텐트)와 생활 공간이 분리돼 있어 쾌적하게 사용할 수 있고, 넓은 공간을
활용하기 좋아요.

↓ 경량텐트(2인용)에요. 가벼워서 백패킹할 때 유용해요.

작은 캠핑, 다녀오겠습니다

↑ 돔형 텐트입니다. 둥근 형태로 바람에 강하고 설치가 쉬운 편이에요.

↓ 쉘터형 텐트입니다. 별도의 이너텐트 없이 스튜디오처럼 하나의 공간을 넓게 쓰는 형태예요. 주로 캠핑용 야전 침대를 설치해 입식으로 활용하거나, 겨울에 여러 명이 함께 생활하는 공간으로 쓰여요.

침낭

텐트가 하루의 집이라면 침낭은 휴대용 이불이에요. 주머니 모양처럼 생겨 몸만 쏙 넣는 침낭은 체온을 유지시켜주고 바깥의 찬 공기를 막아줍니다. 일반적인 이불이나 담요보다 휴대하기 편하고 가볍고요. 형태로는 온몸을 감싸주는 머미형(미라형)과 이불처럼 펄 수 있는 사각형 침낭 등이 있습니다. 침낭은 주로 겨울 캠핑용과 겨울을 제외한 3계절 침낭으로 나뉘는데, 처음엔 3계절 침낭만 갖추고 시작해도 좋아요.

머미형 침낭은 사람 몸에 딱 맞게 제작된 형태로, 불필요한 공간이 적어요. 머리까지 뒤집어쓰고 얼굴만 쏙 나오는 형태라, 열 손실을 최소화하고 보온력을 극대화하는 특징이 있죠. 주로 겨울 캠핑에 많이 사용하는데, 미리 핫팩을 하나 넣어두면 안쪽 온도가 높아져서 훨씬 따스하게 잘 수 있답니다. 다만 침낭 형태 그대로 자야 해서 잘 때 뒤척이는 분들은 답답하다고 느낄 수도 있어요.

사각형 침낭은 이름처럼 사각 모양으로, 이불을 반으로 접어놓은 듯한 디자인이라 비교적 여유롭게 사용할 수 있어요. 형태 그대로 침낭처럼 몸을 쏘옥 넣어서 사용해도 되지만, 사이드 지퍼를 열어 이불처럼 덮는 형태로 활용할 수도 있습니다. 그 대신 보온력은 머미형에 비하면 좀 떨어지는 편이라, 주로 여름 같은 따뜻한 계절에 적합한 침낭입니다.

캠핑이 백패킹이냐, 오토캠핑이냐에 따라 적합한 침낭 충전재도 다른데요. 솜 같은 합성 섬유로 만든 침낭은 저렴하고 보관이나 세탁 관리가 용이하지만 부피가 크고 무거워 오토캠핑에 적합해요. 반면 구스다운 침낭은 무척 따뜻하며 가벼워요. 작은 부피로 휴대성이 좋아 백패킹에서 주로 사용합니다. 침낭은 소재에 따라 가격 차이가 무척 큰 편이라, 부피나 무게가 상관없다면 처음엔 비교적 저렴한 합성 섬유 침낭을 선택하시는 게 부담이 덜할 거예요.

↑ 머미형 침낭이에요. 침낭은 사용 후 잘 말려주는 것이 좋아요.
↓ 사각형 침낭을 에어매트 위에 올려 사용 중이에요.

작은 캠핑, 다녀오겠습니다

매트

텐트 맨바닥은 딱딱하고 차갑기 때문에 좀 더 쾌적한 캠핑을 위해 바닥에 매트를 깔아주는 것이 좋아요. 매트가 폭신한 매트리스 같은 역할을 해주기도, 바닥에서 올라오는 냉기를 막기도 해서, 우리는 그 위에서 포근하게 잘 수 있죠. 매트는 캠핑용 매트가 따로 있답니다. 크기는 주로 1인 기준으로, 제품에 따라 길이나 폭이 조금씩 다릅니다. 2인용 매트도 있지만 아무래도 1인용에 비해 크기나 부피가 커서 휴대하거나 수납하기가 어려워요. 그래서 저는 2인이 사용할 때도 1인용 매트 두 개를 사용하고 있습니다. 종류는 발포매트, 에어매트, 자충매트 등이 있어요.

발포매트는 폴리에스테르 재질의 매트인데요. 저렴하고 가벼워 입문용으로 많이 쓰는 제품입니다. 마트에서도 쉽게 구할 수 있어요. 아코디언처럼 작게 접히거나 김밥처럼 돌돌 말리는 형태라 설치할 때 그대로 펴기만 하면 돼서 편하지만, 두께가 얇아 다른 매트에 비해 안락함은 떨어지는 편이에요. 그럴 땐 발포매트 2개를 겹쳐 사용하면 훨씬 낫습니다.

자충매트는 '자동충전식 매트'의 줄임말로, 입구를 열면 자동으로 바람이 차오르는 매트예요. 제법 두툼해 푹신하고 편안해요. 하지만 바람이 들어가는 데 시간이 꽤 걸리고, 바람을 빼고 다시 접을 때도 많은 에너지가 소모되는 편입니다.

에어매트는 공기를 주입해 사용하는 매트로, 별도의 에어 펌프를 사용하면 쉽게 공기를 넣을 수 있어요. 사용하지 않을 땐 작게 접을 수 있어 휴대와 보관이 편리해요. 다만 다른 매트에 비해 가격대가 높은 편이고, 에어 펌프 등의 공기 주입 도구를 구비해야 하는 것이 번거로울 수 있어요.

개인적으로 가장 애용하고 있는 것은 에어매트이지만, 처음부터 구비하기엔 부담될 수 있으니 작은 캠핑을 떠날 때는 발포매트로 가볍게 시작해 차근차근 갖춰나가는 것도 좋을 것 같아요.

↑ 에어매트는 이렇게 바람을 넣어 사용해요.

↓ 발포매트를 접은 모습이에요. 아코디언처럼 작게 접혀 휴대하기 좋아요.

↑ 자충매트를 말아놓은 모습이에요. 펼치면 자동으로 바람이 들어가요.

↓ 1인용 자충매트 두 개를 펼쳤습니다. 2인용 매트 1개보다 1인용 매트 2개
　가 휴대성이 더 좋아요.

　　　　　　　　　　　　　　　　　　　작은 캠핑, 다녀오겠습니다

의자

개인적으로 캠핑에서 가장 애용하는 아이템이 바로 캠핑 체어예요. 앉아서 쉬거나 요리를 하거나, 그저 멍하니 아무것도 하고 있지 않을 때도 유용하거든요. 휴대와 보관이 가벼운 경량 체어부터 간편하게 접고 펼치는 폴딩 체어, 목까지 받쳐주는 릴랙스 체어 등 종류도 정말 다양해서 어떤 제품을 골라야 할지 고민하는 분들이 많을 텐데요. 실질적으로 캠핑에서 가장 오랜 시간 사용하는 아이템이기에 처음부터 제대로 고르는 게 좋겠죠?

오랜 시간 편하게 머무르려면 릴랙스 체어가 가장 좋지만 부피가 커서 부담스러울 수 있어요. 작게 접히는 접이식 경량 체어는 배낭에도 넣을 수 있을 만큼 콤팩트해서 다양한 스타일의 캠핑에 두루두루 사용해요. 하지만 매번 조립하는 게 번거로울 수도 있어요. 바닥에 앉는 걸 선호하거나 의자를 따로 챙기기 부담스럽다면 좌식 체어나 매트 형태도 있어요. 등산할 때 많이 쓰이는 매트형 체어는 엉덩이만 깔고 앉을 수 있는 정도의 작은 사이즈라 짐을 덜고 싶을 때, 간소하게 다니고 싶을 때도 선택하게 됩니다. 하나씩 좀 더 자세히 살펴볼게요.

경량 체어는 무게와 부피를 최소화한 제품으로, 작게 접혀 수납과 보관, 이동이 편리해요. 백패킹부터 오토캠핑까지 다양한 캠핑에 활용할 수 있어 많은 캠퍼들이 애용하는 체어입니다.

↑ 작은 캠핑에 적합한 경량 체어입니다.
↓ 이렇게 작게 접혀서 들고 다니기 좋아요.

작은 캠핑, 다녀오겠습니다

↑ 반으로 접히는 형태의 폴딩 체어입니다.

↓ 목까지 받쳐줘 오랜 시간 앉을 때 편한 릴랙스 체어예요.

간편하게 펼쳐 사용하는 폴딩 체어는 허리까지 받쳐주는 높이의 제품이 많고, 팔걸이가 있어 경량 체어에 비해 좀 더 편하게 쉴 수 있습니다. 프레임이 모두 분리되어 작은 부피로 수납이 가능한 제품도 있지만, 일반적으로는 한 번에 접히는 형태가 많아요. 이런 경우 설치는 편리하지만 수납 부피가 크답니다.

목까지 받쳐주는 릴랙스 체어는 캠핑을 처음 시작하거나 가족 캠핑을 할 때 많이 사용하는 제품입니다. 폴딩 체어와 비슷하게 한 번의 동작으로 바로 접고 펼 수 있어 빠른 설치가 가능하고, 등받이가 뒤로 젖혀져 있어 편히 쉴 수 있다는 장점이 있습니다. 반면 부피가 커서 오토캠핑에 적합해요.

작은 캠핑에 잘 어울리는 의자는 경량 체어겠지만, 오랜 시간 사용하는 아이템인만큼 나에게 잘 맞는 의자를 고르는 것이 무엇보다도 가장 중요하겠죠? 고민이 된다면 캠핑 매장에 가서 직접 앉아보는 것이 결정하는 데 도움이 될 거예요.

테이블

캠핑에서 작은 식탁 겸 조리대가 되어주는 테이블은 가급적이면 의자의 높이를 고려해서 선택하는 것이 좋아요. 그러니 의자를 먼저 고르고, 그에 맞는 테이블을 구입하는 것이 밸런스를 맞추기 좋겠죠. 너무 낮거나 높은 테이블은 사용하기 불편할 수 있으니까요.

테이블은 소재에 따라 크게 나무, 알루미늄 등으로 나눌 수 있고, 무게와 부피, 설치 방법에 따라 폴딩 테이블, 롤 테이블 등 여러 제품이 있습니다. 또한 1인용 미니 테이블부터 여럿이 함께 사용할 수 있는 크기의 넓고 높은 테이블까지 사용 인원에 따라서도 종류가 다양해요.

폴딩 테이블은 한 번에 접고 펼 수 있는 오토캠핑용 제품과 모든 프레임이 분리되는 백패킹용 제품이 있습니다. 이 책에서 소개하는 작은 캠핑에 어울리는 테이블은 후자로, 아무래도 작게 수납될 수 있는 형태인데요. 주로 알루미늄이나 나무 소재가 많이 쓰여요. 알루미늄은 가볍고 충격에 강한 편이에요. 게다가 뭔가 묻어도 금방 닦아낼 수 있다는 장점이 있습니다. 나무 소재의 폴딩 테이블도 선택할 수 있어요. 나무의 따뜻한 느낌이 자연과 잘 어우러지고, 가벼운 제품도 많이 있어서 무게 부담이 그렇게 크지는 않아요. 다만, 얼룩에는 취약한 편입니다. 알루미늄 테이블은 관리는 편하지만 아무래도 금속 특유의 차가운 느낌이 있으니, 소재는 취향에 따라 고르면 좋을 것 같아요.

롤 테이블은 주로 돌돌 말리는 형태의 나무 상판을 이용한 테이블인데요. 평상시에는 상판을 말아서 보관하다가, 사용할 때만 테이블에 펼쳐서 고정합니다. 나무 상판이 무게가 제법 나가는 편이라 작은 캠핑 보다는 오토캠핑에 더 적합해요. 1인용부터 많은 인원이 둘러앉을 수 있는 것까지 사이즈가 다양하고 캠핑 감성을 살려주는 아이템이어서, 무게와 부피를 각오하더라도 가끔 들고 다니게 되는 테이블이에요.

↑ 나무 소재의 폴딩 테이블입니다.

↓ 모든 프레임이 분리되어 작게 수납돼요.

↑ 메시 재질의 폴딩 테이블입니다.

↓ 테이블은 의자와 높이를 고려해서 구매하는 것이 좋아요.

작은 캠핑, 다녀오겠습니다

스토브

캠핑의 부엌을 완성시키는 아이템이자 조리를 하려면 꼭 필요한 것이 스토브입니다. 연료 혹은 화구 개수와 형태에 따라 종류가 다양해요. 가스를 연결해 사용하는 가스 스토브는 연료를 구하기 쉽고 이동도 간편해서 많이 쓰이고 있어요. 연료로는 주로 부탄가스나 캠핑용 이소가스를 사용합니다. 특히 이소가스용 스토브는 부피가 작아 작은 캠핑에 유용하답니다.

↑ 캠핑용 이소가스를 사용하는 스토브(백패킹용 미니 스토브). 가스 위에 스
  토브를 결합하는 방식이에요.
↓ 부탄가스를 넣어 사용하는 스토브입니다.

작은 캠핑, 다녀오겠습니다

주방 도구들

앞접시와 컵 등 다용도로 쓰이는 시에라컵은 하나쯤 있으면 정
말 유용해요. 시에라컵은 단순한 도구를 떠나, 제법 캠퍼가 된
것 같은 기분까지 들게 해주는 매력적인 아이템이에요. 이건 180
쪽에서 자세히 보여드릴게요. 요리를 위한 코펠과 프라이팬 등
의 주방 도구와 수저도 챙겨야겠죠. 나이프, 접시, 그리고 조미
료를 약간씩 챙겨두면 요긴해요.

랜턴

캠핑의 밤을 밝혀주는 랜턴은 없어선 안 될 아이템 중 하나에요.
조명의 기능도 있지만, 캠핑에 감성을 더해주기 때문이죠. 장식
처럼 길게 거는 조명, 건전지를 사용하는 LED 랜턴, 가스 랜턴과
가솔린 랜턴 등 종류도 다양해 고르는 재미도 있어요.

캠핑엔 메인 랜턴과 서브 랜턴이 필요한데요. 메인 랜턴은 캠핑
사이트의 전체적인 밝기를 담당하기에, 광량이 높은 제품을 챙
기는 것이 좋습니다. 가스 랜턴이 밝은 편이지만 사용과 관리가
번거로울 수 있기에, 메인 랜턴으로는 충전하거나 건전지를 넣
어 사용하는 LED 랜턴을 추천합니다. 서브 랜턴은 광량보다는
빛의 색감이 따뜻하거나 디자인적으로 포인트가 돼주는 아이템
을 선택해보세요. LED 랜턴 또는 캠핑용 이소가스를 사용하는
가스 랜턴도 서브 랜턴으로 사용하기 좋습니다. 또한 머리에 쓰
는 헤드 랜턴은 두 손을 자유롭게 해줘서 하나쯤 구비해두면 요
긴하게 쓰여요.

애정하는 랜턴

캠핑의 밤을 밝혀주는 랜턴은 다다익선, 많으면 많을수록 좋아요. 물론 너무 짐이 되지 않는 선에서 말이죠. 실제로 제가 쓰는 메인 랜턴과 서브 랜턴을 보여드릴게요.

• **메인 랜턴**

메인 랜턴은 가장 밝은 빛을 담당해야 하기에, 우선 광량이 풍부하고 오래 지속되어야 합니다. 여기에 부수적인 기능까지 있으면 금상첨화겠죠. 크레모아 울트라2는 저희가 캠핑을 시작할 때 선택한 모델인데요, 워낙 밝고 튼튼해서 오래 사용한 제품이에요. USB 충전도 가능해서 편리했어요. 메인 랜턴의 기본 덕목인 밝기, 지속성, 튼튼함을 갖춘 데다가 보조 배터리 역할도 해서 애정하는 랜턴이랍니다.

• **서브 랜턴**

메인 랜턴이 전체적인 밝기를 담당한다면, 서브 랜턴은 캠핑에 감성을 더하는 역할을 합니다. 발뮤다 더 랜턴은 호롱불 같은 디자인과 빛의 색감으로 캠핑의 밤을 따뜻하고 은은하게 밝혀주곤 해요. 캠핑하는 장소 어느 곳에 툭 놓아도 잘 어우러지고, 그 자리를 돋보이게 하는 랜턴이라 늘 함께하는 아이템이에요.

↑ 크레모아 울트라2

↓ 발뮤다 더 랜턴

캠핑 감성 아이템
갖추기

앞서 캠핑을 하기 위해 꼭 필요한 필수 아이템을 챙겼다면, 이번엔 캠핑에 감성을 더해주는 아이템을 준비해보는 건 어떨까요? 꼭 있어야 하는 건 아니지만, 함께하면 우리의 캠핑을 더 깊고 진하게 해줄 캠핑 감성 아이템을 소개합니다.

▲△tip 캠핑용품을 보관할 때는 습기에 유의해주세요. 자칫 습기가 많은 곳에 보관하면 곰팡이가 생길 수 있으니까요. 습기가 없고 볕이 너무 세지 않은 곳에 별도의 선반을 준비하여 일상용품과는 따로 보관하는 것이 가장 좋지만, 여의치 않다면 습기와 직사광선을 피해 함께 보관해도 돼요. 따로 보관 박스를 사는 건 번거로울 수 있으니, 사용하지 않는 여행용 캐리어나 이불 가방 등을 활용하는 것도 방법입니다.

가랜드

가랜드는 긴 줄에 깃발 모양 등의 플래그가 달려 있는 소품입니다. 설치는 텐트에 묶어 길게 늘어뜨리면 끝이에요. 간편하지만 가랜드 하나만으로도 캠핑 느낌을 물씬 풍길 수 있어요. 캠핑뿐만 아니라 집에서도 인테리어 소품으로 활용하기 좋고, 가격도 저렴한 감성 아이템입니다.

해먹

겹겹의 나무 그늘 아래, 흔들흔들 해먹에 포옥 안겨 있으면 낮잠
이 솔솔 쏟아져요. 오후의 여유를 더해주는 아이템으로, 한번 해
먹에 누워보면 그 매력에서 헤어 나오기 힘들지도 모른답니다.

데이지 체인

비너를 이용해 컵이나 장비들을 걸어두는 기다란 끈이에요. 사진 속에선 파란 줄이에요. 비너란 '카라비너(karabiner)'를 줄인 말로, 암벽을 등반할 때 로프 연결용으로 사용하는 금속 고리를 뜻해요. 비너를 데이지 체인에 걸어 사용하면 물건을 바닥에 내려놓지 않아도 되니 편리해요. 작은 캠핑 아이템들을 데이지 체인에 주렁주렁 걸어두면 한눈에 보여 사용하기도 좋고, 제법 장식효과도 있어 귀엽답니다.

커피

야외에서 마시는 커피는 어쩐지 더 특별한 느낌이에요. 오붓한 나만의 카페에서 천천히 즐기는 커피의 맛이란! 인스턴트 커피도 좋고, 드립백으로 간편하게 핸드드립을 즐기거나, 모카포트 등의 도구를 사용하는 것도 좋아요. 커피 도구들은 캠핑에 감성을 더해줄 거예요. 자세한 도구 소개는 212쪽에서 다뤄볼게요.

사지 마세요,
먼저 빌려보세요

아웃도어 취미의 인기가 높아지면서, 캠핑 장비를 빌려주는 곳들도 많아졌어요. 초기엔 텐트나 매트, 의자 등 개별 장비별로 빌려줬다면, 이젠 콘셉트에 따라 필요한 장비들을 패키지로 구성해 대여하는 곳들이 늘어나고 있어요. 내가 잘 모르는 상태에서 장비를 하나씩 고르면 뭐가 필요한지 확실히 알기 어려울 수 있고, 그러다 보면 빠뜨리는 장비도 생기기 마련인데요. 이렇게 패키지로 구성돼 있으면 확실히 편리해요. 아무래도 캠핑 인구가 늘어나면서 다양한 서비스가 생기는 것 같아요. 캠핑이 하나의 여행으로 우리 곁에 조금 더 가까이 다가온 느낌이 들어 무척 반가운 마음입니다.

처음부터 모든 장비를 구비해서 캠핑을 시작하기 부담스럽다면, 대여용품을 활용해보는 건 어떨까요? 대여용품 활용하는 방법을 세 단계 정도로 나누어 정리했어요.

▲△**tip** 검색창에 '캠핑용품 대여'를 치면 다양한 업체들이 나오는데, 업체마다 취급하고 있는 장비들이 조금씩 다를 수 있으니 두세 곳 정도는 비교하는 것이 좋습니다. 처음엔 많은 캠핑 장비 중 뭘 선택해야 할지 고민하게 되는데요, 대부분의 업체에서 캠프닉 세트, 오토캠핑 세트, 2인용 캠핑 세트 등 캠핑 형태별 상품을 구비하고 있어, 초보자라도 쉽게 접근할 수 있답니다.

하나. 어떤 장비를 갖춰야 할지 모르겠다면?

→ 모든 용품들이 구성된 패키지를 빌립니다. 장비 고민 없이 일
   단 캠핑을 체험해볼 수 있어요.

**둘. 캠핑에 호감은 있지만 아직 텐트, 의자 등 메인 아이템을 사기는
부담스럽다면?**

→ 식기류나 작은 소품은 내 것으로 준비하고 텐트, 의자 등 부피
   가 크고 가격대가 있는 아이템을 빌려보세요. 일단 작은 도구
   부터 하나하나 마련하며 소꿉놀이하듯 캠핑 살림을 꾸려가는
   재미를 느끼는 거죠. 텐트나 의자 등의 아이템은 한번 사면 오
   래 써야 하잖아요. 다양한 제품들을 빌려 써보고 충분히 고민
   한 뒤 구입하는 것도 좋은 방법이에요.

**셋. 기본 아이템은 갖추고 있지만, 부수적인 아이템들을 사용해보고
싶다면?**

→ 텐트, 의자, 매트, 식기류 등 기본 캠핑 아이템은 있지만 화로
   대 등 부수적인 장비를 갖추기 전이라, 제품을 미리 체험하고
   싶은 분들에게 추천해요. 화로대, 전기릴선, 난로 등의 장비를
   빌려 사용하는 거죠. 당장 구입해서 제대로 갖추기엔 부담스러
   울 수 있지만, 있으면 활용하기 좋으니까요. 대여 업체에서도
   빌릴 수 있지만, 실제로 캠핑장에 가봐야 쓸지 말지를 정할 수
   있는 이런 선택적이고 부수적인 용품은 캠핑장에서 빌려보세
   요. 괜히 가기 전에 미리 빌렸다가 쓰지도 않고 반납하는 것은
   번거로우니까요.

→ 캠핑장에 따라 대여용품 구비 여부나 수량, 아이템 등이 조금
   씩 다를 수 있으니 미리 문의해보고 체크하는 것이 좋아요.

▲△**tip** 대여용품을 캠핑장에 택배로 보내 바로 사용하는 방법도 있어요. 반납할 때도 캠핑장에서 대여 업체로 택배를 보낼 수도 있고요. 오며 가며 짐을 챙기는 수고를 덜 수 있겠죠. 하지만 캠핑은 짐을 하나하나 꾸리는 것부터 재미가 시작돼요. 가능하면 직접 배낭을 꾸리는 즐거움을 누려보시길 추천해요. 일부 캠핑장에서는 체험 프로그램의 일환으로 대여용품 패키지를 구성해놓은 곳도 있어요. 이런 곳은 캠핑장을 예약할 때 캠핑용품을 빌릴 수 있으니 편리해요.

우리집엔 이미
캠핑용품이 있다?

처음 캠핑을 시작할 때 캠핑용품은 캠핑에서만, 일상용품은 집에서만, 이렇게 선을 그어놓고 쓰며 두 세계를 오갔어요. 캠핑용품은 떠나기 직전에 꺼내서 다녀오면 다시 봉인해두고 일상과 분리했죠. 하지만 늘 아쉬웠던 건, 캠핑용품은 어쩐지 투박하다는 거였어요. 색감이나 재질, 디자인도 일상용품에 비해서 '덜' 예뻤어요. 특히 그릇이나 수저, 코펠 등의 주방용품이요(심지어 코펠은 이름부터가 투박). 그럴 때마다 캠핑숍에 가서 조금이라도 덜 투박한 제품을 찾으려 애썼고, 특이한 아이템을 보면 하나둘씩 모아두곤 했어요.

그러던 어느 날, 자전거 캠핑을 갈 때 아주 우연히 나무 접시를 가져가게 됐어요. 원래 사용하던 캠핑용 스테인리스 접시가 그날따라 홀연히 사라졌던 탓인데, 그 덕에 집에서 쓰던 나무 접시를 캠핑에서 활용하게 된 거에요. 나무 접시는 생각보다 자리를 차지하지 않았고, 음식을 놓아도 스테인리스 접시보다 훨씬 맛깔스러워 보였습니다. 사진도 더 예쁘게 찍히고요. 그 이후로 자연스레 캠핑용품과 일상용품의 경계가 무너지기 시작했습니다. '집에서도 쓰고, 캠핑에서도 쓸 수 있는' 물건들이 주변에 차곡

작은 캠핑, 다녀오겠습니다

차곡 쌓여갔어요. 나무 접시, 나무 도마, 나무젓가락… 제 경우엔 캠핑용품이 스테인리스에서 나무로 점점 바뀌어갔습니다. 예전에 사용하던 스테인리스 캠핑 식기들은 오히려 집에서 더 요긴하게 사용하고 있어요. 마치 이러려고 산 것처럼요.

주방용품에서 시작해 일상으로 눈을 돌리니 담요, 모카포트 등 캠핑에서 활용할 수 있는 예쁘고 실용적인 아이템들이 정말 많았어요. 캠핑과 일상으로 분리돼 있던 두 세계가 하나로 합쳐지자 새로운 재미들이 생겨났습니다. 오래된 머플러는 테이블보나 캠핑 커튼으로 재탄생했죠. 캠핑의 장면에 덧입혀도 어울릴 것 같은 녀석들이 하나둘 눈에 들어오기 시작한 거예요. 일상의 작은 소품 하나가 캠핑의 포인트가 돼주었고, 일상과 캠핑 사이를 경계 없이 오가는 즐거움이 참 좋았어요.

처음부터 모든 장비를 구비하고, 캠핑용품을 사는 재미도 물론 있죠. 하지만 너무 많은 장비는 나를 지레 겁먹게 하고 주머니 또한 가볍게 만들어요. 대체할 수 없는 것, 꼭 필요한 것만 갖춰 가볍게 시작하는 작은 캠핑은 그야말로 소꿉놀이의 재미를 그대로 느끼게 해줘요. 나만의 캠핑을 만들어나간다는 즐거움도 부록처럼 따라올 거예요. 방 안, 부엌, 거실, 옷장 속에 보물처럼 숨어 있는 나만의 캠핑용품을 찾아보는 건 어떨까요?

캠핑,
어디로 가야 할까요?

거의 매주 캠핑을 떠나기에, 캠핑지를 고르는 것도 일상이 되었어요. 저희가 캠핑지를 고르는 기준은 여러 가지가 있지만, 가장 큰 포인트는 바로 '계절'입니다. 사계절이 뚜렷한 우리나라는 계절마다 아름다운 풍경이 펼쳐지는데요. 특히 자연 속에선 도시보다 훨씬 깊은 계절을 느낄 수 있죠. 생긴 그대로, 꾸밈이 없는 자연의 색을 마주할 때면 정말이지 '자연스럽게' 일상을 툭 내려놓게 됩니다. 같은 곳을 가도 계절마다 느낌이 다르기에, 이렇게 사계절이 있는 나라에 살고 있다는 게 그저 감사할 따름이에요. 그렇기에 이왕이면 계절에 어울리는, 딱 그 계절에 가야 더 좋은 곳으로 떠나는 것이 좋겠죠. 계절별로 어디를 가면 좋을지, 추천 캠핑지를 소개해드릴게요.

작은 캠핑, 다녀오겠습니다

봄에는 섬으로

너무 춥지도 덥지도 않아 캠핑하기 좋은 계절, 봄. 이땐 어딜 향해도 좋지만 기왕이면 봄에 더 좋은 곳으로 가는 게 좋겠죠. 저희가 봄이면 늘 향하곤 하는 곳은 바로 섬이에요. 삼면이 바다로 둘러싸인 우리나라는 약 3300여 개의 섬이 있다고 해요. 저희는 주로 인천 연안터미널에서 배를 타고 나가는 서해 섬 여행을 즐기곤 합니다. 공항도 있고 연안터미널도 있는 인천은 다른 세계로 넘어가는 관문처럼 느껴지기도 해요. 그래선지 섬에 갈 때면 마치 외국에 나가는 기분도 듭니다.

섬마다 조금씩 다르지만, 대체로 인천에서 한 시간 남짓 배를 타고 들어가면 덕적도, 장봉도, 대이작도, 소야도 등의 섬에 갈 수 있어요. 해수욕장에서 운영하는 야영장은 화장실, 개수대 등의 시설이 갖춰져 있어 편리합니다.

본격적인 여름철이 다가오기 전 섬의 한산한 바닷가 풍경도 참 좋아요. 바다를 마주하고 캠핑을 하노라면 밤하늘의 쏟아질 듯한 별은 물론이거니와, 잘 때는 자장가, 아침엔 모닝콜이 돼주는 파도 소리를 벗삼을 수 있어요. 섬 주변을 트래킹해도 좋고, 섬에서 운영하는 식당에 들러 한끼 먹어보는 것도 좋아요. 언뜻 비슷하지만 조금씩 모습이 다른 섬을 하나씩 여행하는 재미도 있고요. 마치 멀리 떠나온 것 같은, 이국적인 섬 풍경은 우리에게 봄의 기운을 잔뜩 가져다줄 거예요.

● ○추천 캠핑지

대이작도 작은풀안 야영장(인천 옹진군 자월면 대이작로)
덕적도 서포리 해변(인천 옹진군 덕적면 서포리해수욕장)

인천 연안여객터미널을 통해 선박으로 이동하며, 대이작도, 덕적도 외에도 소야도, 승봉도, 자월도 등 다양한 섬 캠핑을 하는 재미가 있어요.

여름에는 계곡으로

여름엔 첫째도 계곡, 둘째도 계곡이에요. 예전엔 '여름' 하면 바닷가였는데, 캠핑하기에는 나무 그늘이 가득한 계곡이 제일이더라고요. 한여름에도 얼음장같이 차가운 계곡물에 발을 담그고 있으면 신선놀음하는 기분이에요. 찌는 듯한 도시의 더위에 지쳐 계곡으로 향할 때는 '도착하면 바로 풍덩 뛰어들어야지!'라고 생각하지만, 막상 계곡에 가면 발을 담그는 것만으로도 온몸이 서늘해져요.

겹겹의 나무 그늘 아래 계곡가에 머물 때면, 도시의 더위는 꼭 다른 세계의 일처럼 느껴지곤 해요. 뜨겁기만 했던 도시에서 미처 보지 못했던 여름의 색을 만날 수 있죠. 싱그러운 에너지로 가득한 초록의 기운, 나무 그늘 아래서 누리는 여름의 호사. 이 모든 게 여름의 계곡에 가득해요.

안전을 위해 계곡 너무 가까이에선 캠핑을 하지 않도록 주의하고, 인적이 드문 곳보다는 계곡 근처의 캠핑장을 이용하시길 추천해요.

● ○추천 캠핑지

포천 국망봉 휴양림 캠핑장(경기 포천시 이동면 늠바위길 207-28)

흥정계곡 캠핑700(강원 평창군 봉평면 흥정리 372-1)

가을에는 휴양림, 야영장으로

봄과 더불어 캠핑하기 가장 좋은 계절. 가을. 단풍이 가득한 숲으로 떠나는 재미가 있어요. 계절을 마무리하며 다양한 색으로 화려하게 물든 나무들이 가득한 휴양림은 가을과 잘 어울리는 캠핑지입니다. 휴양림에 있는 야영장은 이름처럼 숲속에 있는 곳이 대부분이다 보니, 자연 깊숙한 곳의 고즈넉함을 즐길 수 있어요. 숲의 맑은 공기는 덤이고요.

대부분의 휴양림 야영장은 국가에서 운영하고 있어서, 일반 캠핑장에 비해 가격이 저렴하고 시설도 깔끔하게 관리되고 있습니다. 그만큼 인기가 많아 예약이 치열하긴 하지만, 일정을 잘 맞춰서 꼭 한번쯤 다녀오시길 바랄게요.

● ○ 추천 캠핑지

축령산 자연휴양림(경기 남양주시 수동면 축령산로 299)

국립화천숲속야영장(강원 화천군 간동면 배후령길 1144)

▲△tip 휴양림 예약은 '숲나들e' 홈페이지에서 예약할 수 있어요. 검색창
에 '숲나들e'라고 치면 찾아보실 수 있습니다. 주중은 선착순, 주말과 공휴
일은 추첨 방식으로 예약이 진행됩니다. 국립 자연휴양림에서는 장작 사용
이 금지되어 있으며, 공립 또는 사립의 경우는 장작 사용 여부가 조금씩 다
르니 미리 확인하는 것이 좋아요.

겨울에는 넓은 캠핑장으로

'캠핑의 꽃은 겨울'이라는 말이 있을 정도로, 캠핑의 또 다른 매력을 느낄 수 있는 계절이 바로 겨울이에요. 사실 겨울엔 다른 계절에 비해 챙겨야 할 장비들이 많은 편이라, 초보 캠퍼에겐 다소 부담스러울 수 있어요. 주로 텐트 안에서 생활해야 하기 때문에 전실 공간이 넓은 쉘터형 텐트도 있어야 하고, 난로 같은 난방용품, 동계용 침낭 등 부피가 큰 장비들이 없으면 힘든 게 사실입니다. 하지만 겨울 캠핑의 매력은 장비에 투자한 것이 아깝지 않을 정도예요.

겨울엔 주로 텐트 안에서 생활하기 때문에 자리를 넓게 사용할 수 있는 캠핑장이 좋은데요. 매번 많은 짐을 풀고 정리하기 힘들기에 '장박'이라는 시스템이 있어요. 겨울 동안 캠핑장에 텐트를 쳐두고, 그 기간엔 철수할 필요 없이 편히 오가는 거죠. 마치 월세 내듯이 기간별 금액을 지불하고, 겨울이 끝나면 텐트를 철수하는 건데요. 짐이 많은 겨울이면 거의 대부분의 캠핑장에서 장박이 운영됩니다. 꼭 장박이 아니라도 겨울엔 다른 계절보다 텐트 칠 수 있는 공간이 여유로운 캠핑장을 선택하시는 게 좋아요.

겨울 캠핑의 특권은 바로 새하얀 눈과 함께할 수 있다는 건데요. 겨우내 눈이 자주 내리는 강원도 인근의 캠핑장이 좋아요. 텐트를 열었을 때 새하얀 눈이 가득한 풍경을 마주하거나, 텐트 안에서 눈 내리는 소리를 들을 때면 일상의 고민거리들도 한 꺼풀 덮여요. 뽀득뽀득 새하얀 눈밭을 가장 먼저 밟는 설렘. 결정이 보일 정도로 맑은 자연 속 눈송이를 맞는 기분은 겨울 캠핑만의 즐거움이겠죠.

● ○추천 캠핑지

포천 백로주 캠핑장(경기 포천시 영중면 호국로 2671-22)

인제 설하 관광농원(강원도 인제군 북면 설악로 3208)

이곳도 좋은 캠핑 장소예요

● ○함허동천 야영장(인천 강화군 화도면 해안남로1196번길 38)

넓은 야영지와 다양한 캠핑 사이트로 캠핑을 시작할 때 방문하기 좋은 곳이에요. 저희도 함허동천에서 첫 백패킹을 시작했기에, 더 의미 있는 곳이기도 합니다.

● ○노을 캠핑장(서울 마포구 하늘공원로 108-1)

서울에 위치한 몇 안 되는 캠핑장 중 하나입니다. 마포구 노을공원에 위치해 접근성이 좋다는 것이 가장 큰 장점인데요. 인기가 많은 곳이라 예약이 매우 치열하지만 평일엔 종종 자리가 나기도 하니 참고하세요. 당일 캠핑을 하기에도 좋은 곳이에요.

● ○황매산 오토캠핑장(경남 합천군 가회면 황매산공원길 331)

황매산 해발 850m에 위치해 여름에도 시원해요. 탁 트인 시야와 맑은 공기, 그리고 밤하늘의 은하수를 볼 수 있는 캠핑장입니다. 철쭉과 억새 군락지가 있어 봄에는 철쭉이 만개하고, 가을엔 억새로 장관을 이룹니다. 개인적으로는 여름의 푸릇푸릇한 황매산 풍경을 무척 좋아합니다.

● ○어라운드 빌리지(충북 보은군 탄부면 사직1길 34)

〈AROUND〉매거진이 폐교를 개조해 만든 문화 공간입니다. 캠핑은 운동장에서, 폐교 건물은 게스트하우스와 카페 등의 공간으로 사용하고 있어요. 텐트를 가져오지 않은 일행들은 게스트 하우스를 이용하면서 '따로 또 같이' 캠핑할 수 있어 좋답니다.

▲△tip 국립공원에서 운영하는 야영장을 예약하고 싶을 때는 국립공원 야영장 예약 시스템을 이용하세요. 인터넷에 '국립공원공단 예약시스템'을 검색하면 찾아보실 수 있어요. 전국의 다양한 국립공원 야영장을 저렴한 가격에 이용할 수 있어, 예약 시기가 되면 경쟁이 치열하답니다.

↑ 함허동천 야영장
↓ 어라운드 빌리지

↑↓ 황매산 오토캠핑장

작은 캠핑, 다녀오겠습니다

백패킹, 미니멀 캠핑, 오토캠핑 등 다양한 캠핑 종류 중 내게 맞는 스타일을 알아야 그에 맞는 캠핑용품도 고를 수 있어요. 텐트, 침낭 등 캠핑 필수 아이템은 가능하면 직접 본 뒤에 구매하세요. 오래 쓰는 물건이고 가격대도 높으니까요.

가랜드, 데이지 체인 등 캠핑에 감성을 더하는 아이템도 놓치지 마세요.

뭘 사야 할지 도저히 모르겠을 땐 일단 '시에라컵'부터 마련해보세요. 캠핑의 시그니처이기도 하지만, 무척 유용해요.

캠핑용품을 보관할 때는 습기에 유의합니다.

처음부터 캠핑용품을 모두 사는 게 부담스럽다면 대여 서비스를 이용해보세요.

나무 그릇 등 집안 곳곳에 숨어 있는 나만의 캠핑용품을 찾아보세요. 꼭 캠핑 전용 제품이 아니어도 돼요.

혼자서 캠핑을 떠날 땐 안전을 위해 사람들이 상주하고 관리가 이루어지는 캠핑장으로 떠나는 걸 추천해요.

계절에 어울리는 캠핑지로 떠나보세요. 봄에는 섬, 여름엔 계곡, 가을엔 휴양림, 겨울엔 캠핑장으로요. 도시보다 훨씬 깊은 계절을 느낄 수 있어요.

3.

캠핑을 하려고 마음먹고 모든 준비를 마쳤다면, 이제 제대로 캠핑을 해볼 시간. 캠프닉, 당일 캠핑으로 캠핑과 친해진 뒤, 1박 2일 캠핑을 떠나보세요. 떠난 날 오후부터 밤, 다음 날 아침까지 자연에 지은 집에서 하룻밤을 보내면 캠핑의 참맛이 느껴질 거예요.

작은
캠핑,
시작합니다

작은 캠핑
연습해볼까요

본격적으로 캠핑을 시작하기 전에 미리 장비들을 챙기고 펼쳐서 설치하는 연습을 해보면 좋습니다. 작은 캠핑 연습 시간을 가져 보는 거죠.

첫 캠핑은 아무래도 허둥지둥거리기 마련이에요. 특히 처음 사용하는 장비들은 손에 익지 않아 괜스레 더 어렵게 느껴지곤 해요. 사용법도 미리 익힐 겸 장비 설치 예습을 하면, 실제로 캠핑 갔을 때 허둥대는 시간을 줄일 수 있어요. 머릿속에서만 그리는 것과 내가 실제로 해보는 건 차이가 있으니까요. 특히 텐트 같은 장비들은 처음 사용할 때 정말 낯설어서 설치할 때 시간이 제법 오래 걸려요. 원리가 단순해서 익히면 쉽지만, 처음은 뭐든 다 어렵잖아요.

저도 처음 텐트를 설치할 때 폴대를 끼우는 것부터 난관이었어요. 폴대를 과감하게 휘어서 텐트에 끼워야 하는데, 혹시라도 부러지면 어쩌나 싶어서 주저되더라고요. 지금은 웃으며 추억하지만, 그땐 '이거 쓸 수 있을까?' 싶어서 진땀이 났었어요, 정말.

캠핑 연습 시간은 마치 여행을 갈 때 계획을 세우고, 하나하나 조금씩 짐을 꾸리는 과정과 무척 닮았어요. 계획을 세울 때부터 마음은 이미 여행을 떠난 듯 두근두근 설레는 것처럼요. 이렇게 하나하나 장비를 챙기고, 연습을 하고 있자면 우리의 캠핑도 조금씩 시작되는 기분이 듭니다.

장소는 한강이나 공원, 공터 등 텐트나 의자 등을 펼쳐볼 수 있는 공간이면 어디든 괜찮아요. 이왕이면 널찍한 공간일수록 여유롭게 장비를 펼쳐보기 좋겠죠.

일단 적당히 자리를 잡고 큰 장비부터 먼저 세팅합니다. 아마도 누구에게나 텐트가 가장 큰 난관일 텐데요. 제품마다 설치법은 조금씩 다르지만 원리는 비슷해요. 텐트 스킨(텐트 천)에 폴대를 끼우고, 모양을 만들어 세우는 거죠.

우선 텐트 천을 바닥에 펼치고 폴대를 끼운 후 폴대를 구부려 모양을 만들면서 텐트를 세웁니다. 텐트를 쳤다면 이 연습은 거의 끝난 셈이에요. 사실 텐트 설치하는 데 가장 시간이 많이 들거든요. 그야말로 난생처음 내 손으로 뚝딱뚝딱 세운 집, 텐트. 얇지만 지붕에 문까지 갖춘 자그마한 내 집. 텐트에 들어가서 한번 누워보면 당장이라도 캠핑을 떠나고 싶은 마음이 들지도 몰라요. 그 아늑함과 포근함, 소꿉놀이하듯 하나씩 만들어가는 캠핑의 재미는 텐트 치는 것에서부터 시작됩니다. 조금 더 자세한 텐트 설치법은 146쪽에서 하나씩 보여드릴게요.

텐트를 다 쳤다면 의자나 테이블도 하나둘 세팅해볼까요. 가장 고난이도인 텐트도 쳤는데 다른 장비는 금방일 거예요. 오늘은 연습이니까 요리는 하지 않고 포장 음식이나 배달로 대신하고, 작은 캠핑 느낌을 내봅니다.

이렇게 연습을 하고 나면 나중에 캠핑을 떠날 때 실제로 필요한 준비물을 꾸리는 데에도 도움이 돼요. 머릿속으로 생각하는 것과 실제로 하는 것의 차이를 확실히 느낄 수 있는 건 물론이고요. 생각보다 어려울 수도 있고 의외로 간단하다고 느낄 수도 있지만, 한 가지 확실한 건 오늘의 연습으로 캠핑과 더 친해졌다는 거겠죠?

↑ 공원, 공터 등 넓은 곳에서 텐트 치는 연습을 해요.

↓ 텐트를 다 쳤다면 의자나 테이블도 하나둘 세팅해요.

피크닉과 캠핑 사이,
캠프닉

소풍 가듯 가볍게 떠나는 피크닉, 1박 2일 동안 자연에 머무르기 위해 떠나는 캠핑. 피크닉은 아쉽고 캠핑은 부담스러울 때, 이 둘 사이의 '캠프닉'을 선택하곤 합니다.

캠프닉은 이름에서 느껴지듯, '캠핑'과 '피크닉'을 합친 거예요. 캠핑보단 가볍고, 피크닉보단 조금 묵직하죠. 앞서 널따란 공간에서 캠핑 장비를 설치하는 연습(122쪽)을 소개했는데요. 이번엔 장비를 실제로 사용해볼 수도 있습니다. 앞선 연습과 달리 캠프닉은 아예 작정하고 장비를 세팅하고 하루 캠핑 느낌으로 즐긴다는 점에서 차이가 있답니다. 이건 캠핑을 가지 못할 때의 선택지이기도 하지만, 처음 캠핑을 시도하는 이들에게 추천하는 방식이기도 해요. 일반적인 피크닉의 준비물에 캠핑 소품 몇 가지만 더하면 훌륭한 캠프닉 감성이 완성되기 때문이에요.

준비물은 그때그때 상황에 맞추면 됩니다. 피크닉 떠나듯이요. 앉을 수 있는 거라면 뭐든지 좋아요. 돗자리, 캠핑 의자, 방석 등을 챙깁니다. 여기에 간단한 먹거리, 가랜드, 캠핑 머그, LED 조명 등의 캠핑 소품만 더하면 끝. 작은 소품만으로도 캠핑의 감성

작은 캠핑, 다녀오겠습니다

을 즐길 수 있고, 어쩐지 평범한 피크닉과는 다른 느낌에 기분 전환도 되곤 해요. 마음은 캠핑의 순간에 있는 것처럼 그렇게. 뿐만 아니라 캠핑을 처음 접하는 이들이 캠핑 감성을 체험할 수 있는 기회가 돼줄 거예요.

바쁜 일상 속, 캠핑이 간절할 때 가벼운 캠프닉으로 우리의 지친 마음을 달래보는 건 어떨까요.

▲△**tip** 캠프닉 메뉴로는 김밥, 샌드위치 등 데우지 않고 바로 먹을 수 있는 음식을 추천합니다.

↑ 캠프닉 준비물. 가랜드, 텐트, 담요, 조명, 매트를 챙겼습니다.

작은 캠핑, 다녀오겠습니다

↑ 주먹밥, 과일 등 바로 먹을 수 있는 음식을 캠프닉 메뉴로 준비했어요.

↓ 샌드위치도 좋은 메뉴입니다.

당일 캠핑부터
해봐요

캠핑을 하려고 마음먹고 모든 준비를 마쳤다면, 이제 제대로 캠핑을 해볼 시간. 기본적으로 캠핑은 1박을 하는 것이 일반적이지만, 처음 캠핑을 떠나는 거라면 잠을 자지 않는 당일 캠핑부터 해보는 건 어떨까요? 126쪽에서 살펴본 캠프닉과 비슷하지만, 당일 캠핑은 잠자는 것 빼곤 짐 싸기, 장소 이동까지 실제 캠핑 장비를 다 챙겨서 진짜 캠핑을 시도한다는 점이 조금 달라요.

작은 캠핑, 다녀오겠습니다

가벼운 짐, 가뿐한 마음으로

쉽게 얘기하면 당일 캠핑은 본 게임에 앞선 연습 게임이에요. 단순히 잠을 자고 오느냐 아니냐의 차이지만 그게 은근히 크답니다. 모든 게 처음인데 잠자리까지 갑자기 바뀌면 적응하기 힘들 수도 있잖아요. 쉬려고 가는 캠핑인데 처음부터 너무 힘이 들어가면 안 되겠죠. 다음 캠핑, 그다음 캠핑으로 계속 이어지려면 너무 빠르게 달려가기보다는 이런 연습을 통해 천천히 다가가는 것이 좋아요. 시간을 들여 내가 얼마나 캠핑 생활에 잘 적응하는지 객관적으로 바라보는 재미도 있고요.

1박을 하는 것과 당일 캠핑은 짐에도 큰 차이가 있어요. 멀리 갈 것도 없이 우리의 일반적인 여행 짐을 한번 떠올려볼까요? 가볍게 떠나는 당일 여행과 1박 여행은 챙겨야 할 준비물의 수준이 다르죠. 세면도구, 갈아입을 옷, 비상약… 심지어 친구 집에서 하루 자고 오려고만 해도 챙겨야 할 짐이 생기고, 마음가짐부터 달라지잖아요.

캠핑은 다른 여행에 비해 세세하게 챙겨야 할 준비물들이 은근히 많은 편이에요. 게다가 다양한 장비에 익숙해지기까지 어느 정도의 시간은 꼭 필요해요. 캠핑의 재미를 알기도 전에 짐의 무게에 짓눌려버리면 안 되겠죠. 그러니 가벼운 짐과 그보다 더 가뿐한 마음가짐으로 당일 캠핑부터 떠나봐요.

나의 캠핑 취향을 미리 알아보는 시간

당일 캠핑 짐을 꾸려보세요. 텐트, 매트, 의자와 테이블을 챙기고, 간단한 요리를 위한 주방 살림도 챙깁니다. 버너, 코펠, 접시, 수저 등 기본적인 아이템만 간소하게 꾸리면 끝. 당일 캠핑이기에 음식은 너무 과하지 않은 것이 좋아요.

처음 텐트를 칠 때는 누구나 낑낑대고 진땀 흘립니다. 폴대를 텐트 스킨에 넣고 과감하게 휘어야 하는데, 혹시나 뚝 부러지지는 않을까, 이 천이 정말 텐트가 되긴 하는 걸까, 의심하고 또 의심하게 되는 것이 처음의 우리들이죠. 당일 캠핑을 하며 텐트도 미리 쳐보고 매트 위에서 뒹굴뒹굴 아무것도 하지 않고 그저 쉬어보세요. 요리를 하거나 낮잠을 자는 것도 좋아요. 당일 캠핑에선 실제 캠핑을 떠난 마음가짐으로 내가 캠핑에서 하고 싶었던 것을 직접 해보는 것이 중요해요.

실제로 해보면 생각지도 않았던 포인트에서 좋았거나 혹은 당황스러웠던 부분들이 분명 나올 거예요. 상상으로 이미지를 그렸을 때와 실현했을 때의 차이는 있기 마련이니까요. 좋은 쪽이든, 좋지 않은 쪽이든 말이죠. 설령 좋지 않은 쪽이라 해도 자연의 시간은 다른 좋은 걸 분명 가져다주기에 아쉬워하지 않아도 돼요. 하나를 가져가면 또 다른 하나를 내어주는 캠핑은 그렇게 참, 정직해요.

당일 캠핑을 하고 나면 자연스레 다음 캠핑 짐을 어떻게 싸면 좋을지 고민하게 될 거예요. 당일 캠핑에서 부족했던 것들을 체크하고 메모해두세요. 이렇게 나만의 캠핑을 만들어나가는 재미가 하나씩 늘어납니다. 집에 가는 길, 자꾸만 아쉬움이 남는다면 그것만으로도 오늘의 캠핑은 성공이에요.

1박 2일
캠핑 짐 꾸리기

캠핑은 떠난 날 오후부터 밤, 다음 날 아침까지 자연에 지은 집에서 하룻밤을 보내야 참맛을 알 수 있어요. 우리의 작은 캠핑도 자연에서 어엿하게 1박 2일을 보내는 캠핑입니다. 다만 많지 않은 장비, 간소한 아이템으로 소꿉놀이하듯이 즐기는, 진입장벽이 높지 않은 캠핑이에요.

이제 본격적으로 1박 캠핑을 하기 위한 짐을 꾸릴 차례입니다. 우리의 작은 캠핑에 어울리는 백패킹, 미니멀 캠핑을 중심으로 짐 싸는 방법을 이야기할 텐데요, 기본 장비는 공통되기 때문에 큰 틀은 같다고 생각하면 돼요. '최소한의 짐으로 간편하게 떠나는' 1박 2일의 짐 꾸리기, 시작해볼까요?

배낭 하나로, 백패킹

준비물 ⊘ 텐트, 침낭, 매트, 접이식 의자, 접이식 테이블, 스토브, 조명, 코펠, 식기류, 음식, 세면도구, 여벌 옷, 상비약 등

백패킹은 배낭 하나에 모든 짐을 꾸려 떠나는 캠핑입니다. 주로 풍경이 멋진 곳을 목적지 삼아 트래킹을 하기 때문에 가볍고 부피가 작은 용품으로 짐을 꾸립니다. 꼭 트래킹을 위한 백패킹이 아니더라도, 배낭 하나에 간소하게 짐을 싸는 건 우리의 캠핑을 좀 더 가볍게 즐길 수 있는 좋은 방법이에요.

배낭 용량은 30리터 이상의 것을 선택하고, 장비의 부피를 최소화하는 것이 중요해요. 그래서 되도록 작게 접히는 아이템들이 좋습니다. 폴딩 컵이나 미니 테이블, 바람을 불어넣어 사용하는 매트 등 아이템 하나하나의 무게와 부피를 조금씩이라도 줄이는 것이 포인트예요.

배낭에 짐을 꾸릴 때는 가벼운 것은 밑에, 무거운 것은 위에 담습니다. 배낭 아래쪽이 무거우면 몸이 뒤로 젖혀질 위험이 있기 때문이죠. 보통 침낭을 가장 아래에 담고, 옷, 식기, 스토브, 텐트, 음식 등의 순으로 수납하는 것이 좋습니다. 바로 꺼내야 할 물건들은 배낭 위쪽에 넣고, 깨지기 쉬운 것은 옷가지나 푹신한 짐으로 감싸 배낭 위쪽에 배치하는 것이 안전해요. 배낭이 한쪽으로 쏠리지 않게, 좌우 무게를 비슷하게 수납하는 것도 중요합니다.

작은 캠핑, 다녀오겠습니다

필요한 것들만 챙겨서, 미니멀 캠핑

준비물 ⊘ 텐트, 침낭, 매트, 의자, 테이블, 스토브, 조명, 코펠, 식기류, 음식, 세면도구, 여벌 옷, 상비약, 캠핑 소품 등

백패킹과 가짓수는 크게 다르지 않아요. 다만 미니멀 캠핑은 대중교통을 이용할 수도, 차를 가지고 갈 수도 있지요. 그래서 짐을 꼭 배낭 하나에 다 수납해야 하는 것이 아니기 때문에 조금 더 여유가 있는 편이에요. 기본 백패킹 짐에서 조명을 조금 더 챙기고 아기자기한 소품을 더 가져가 캠핑에 감성을 더해봐요. 그렇다고 너무 무리하게 짐을 챙기면 이동도 불편하고 짐 무게와 부피에 마음이 짓눌릴 수 있으니, 되도록 배낭 1개에 한 손에 들 수 있는 짐을 추가하는 정도로 챙기면 좋겠죠?

옷 챙기기

봄가을엔 쌀쌀한 아침저녁 날씨에 대비해 바람막이나 얇은 겉옷을 준비해요. 휴대성이 좋은 경량 패딩을 챙기면 안심이랍니다. 땀을 많이 흘리는 여름엔 갈아입을 여벌 티셔츠를 챙깁니다. 계곡을 갈 때는 여름이라도 밤엔 서늘하니 긴소매 옷을 챙기는 것이 좋고요. 겨울엔 두꺼운 옷 한 벌보다는 얇은 옷을 여러 벌 겹쳐 입는 게 보온 효과가 높아요. 이런 '얇은 옷 겹쳐 입기' 방식은 주로 겨울 산에 갈 때의 습관인데요, 꼭 산이 아니더라도 얇은 옷을 여러 벌 겹쳐 입는 게 두꺼운 옷 한 벌보다 움직임도 편하고 실용적입니다. 답답하면 몇 개 벗었다가 추우면 다시 겹쳐 입는 거죠. 상의는 겹쳐 입을 아이템이 많지만, 하의는 겹쳐 입기가 곤란할 때가 있죠. 그럴 때는 레깅스가 유용해요. 얇은 레깅스일지라도 안쪽에 한 겹 더 입는 것만으로도 훨씬 따뜻해져요. 부피를 차지하지 않아 짐 꾸릴 때도 부담이 없답니다.

세면도구 및 화장품 파우치

화장품은 작은 통에 덜어 부피를 줄이는 것이 포인트예요. 받아 뒀던 샘플을 챙겨가는 것도 좋고요. 스킨, 로션, 선크림, 클렌징 워터나 클렌징 티슈, 치약과 칫솔, 연고와 밴드, 진통제 등의 상비약을 챙깁니다. 만약 알레르기가 있거나 평소 복용하는 약이 있다면 비상시에 대비해 꼭 챙겨주세요. 여름엔 벌레 퇴치 스프레이와 바르는 모기약도 요긴해요. 샴푸와 린스도 작은 통에 챙기되, 요즘엔 드라이 샴푸도 있으니 활용해보셔도 좋습니다. 언뜻 보면 가짓수가 많아도 작게 덜면 파우치 하나에 들어갈 정도예요.

음식은 간소하게

다년간의 캠핑 생활을 돌아보면, 캠핑에서 은근히 많이 차지하는 것이 음식 짐이었어요. 어쩐지 캠핑에선 평소보다 호화로운 메뉴를 먹어야 할 것만 같은 느낌에 늘 '과하게' 챙기곤 했었죠. 심지어 캠핑장 가는 길에 추가로 장을 봐서 간 적도 있었는데, 그러다 보면 양이 가늠이 되지 않아 음식을 남기거나 버리게 되는 경우가 많았어요. 이건 아니다 싶었죠.

이제는 끼니를 미리 계산해서 먹을 양만큼만 챙기곤 합니다. 예를 들어 1박 2일 동안 점심, 저녁, 아침 세끼를 먹는다고 생각하면 두 끼는 '무조건 먹고 올' 신선식품으로, 한끼 정도는 건너뛰거나 남겨 와도 괜찮은 가공식품으로 챙기는 건데요. 그래야 먹지 않거나 냉장 보관을 할 수 없는 상황이더라도 남는 음식 걱정이 없어요. 요리할 때 사용할 식재료도 미리 계산해서 딱 그만큼만 소분해 가져가는 편이 좋아요. 대파나 양파같이 두루두루 활용 가능한 식재료를 사용하는 것도 좋겠죠. 돌아가는 날 텅텅 빈 식재료 꾸러미를 보면 개운함은 물론, 괜스레 뿌듯한 마음까지 들 거예요. 캠핑에서는 너무 많은 양의 음식을 만들어 남기는 것보다는 먹을 만큼만 적당한 편이 좋습니다. 작은 캠핑에서 해 먹기 좋은 요리는 158쪽에서 더 자세히 소개할게요.

음식 짐은 일종의 캠핑용 보냉 가방인 '쿨러'에 쌉니다. 쿨러 사이즈도 작은 것부터 큰 것까지 다양해요. 형태는 파우치 형태의 소프트 쿨러와 딱딱한 타입의 하드 쿨러로 나뉘는데, 하드 쿨러는 모양이 딱 잡혀 있고 부피가 큰 편이지만 보냉 효과는 소프트 쿨러보다 더 좋아요. 그래서 음식을 많이 가져갈 경우에는 하드 쿨러를 사용하고, 음식 짐이 적을 경우에는 소프트 쿨러를 사용하는 편입니다. 특히 소프트 쿨러는 배낭에 수납하기 좋고, 적은 음식 짐이라도 시원하게 보관해준답니다. 저희는 주로 500ml 생수들을 얼려 냉매로 사용하는데, 녹으면 식수로 마실 수 있어서 1석 2조에요. 음식이 많지 않을 땐 보냉 파우치를 사용하는 것도 짐 부피를 줄이는 데 도움이 돼요.

요즘엔 밀키트 제품이 정말 다양해서 어디서든 간편하게 요리할 수 있게 되었어요. 이런 제품을 활용하는 것도 좋아요. 딱 필요한 만큼만 재료를 준비해서 하나도 남기지 않고 맛있게 먹을 수 있는 메인 요리 한끼, 그리고 나머지 끼니는 간편하게 먹을 수 있는 메뉴를 선택해봐요. 요리에 드는 시간과 부담을 덜 수 있을 거예요. 준비하고 먹고 치우느라 소중한 캠핑의 시간을 모두 써버리는 건 너무 아쉽잖아요. 작은 캠핑에선 천천히, 느긋한 쉼을 더 즐기는 편이 더 좋아요. 일상에서 조금 벗어난 여유로움은 그 어떤 맛있는 음식보다도 우리에게 달콤함을 안겨줄 테니까요.

1박 음식 짐 리스트 (1인 기준)

준비물 ◎ 한끼용 신선식품, 간식용 비스킷 또는 에너지바 1~2개, 컵라면 1개, 인스턴트 식품 1개, 물 500ml 2~3개, 커피 또는 차, 상비용 소분 조미료(소금, 설탕, 후추, 케첩, 기름 등)

점심, 저녁, 아침 삼시 세끼 기준으로 나눠 준비한 실제 예시입니다. 2인의 경우 양을 두 배로 챙기면 됩니다. 캠핑을 가면 중간에 간식을 먹기도 해서 생각보다 모든 끼니를 챙겨 먹지 않는 경우도 있어요. 이 부분은 사람마다 다를 수 있으니 본인의 식습관에 맞추어 준비하면 됩니다. 작은 캠핑에서는 한두 끼는 반드시 먹고 올 신선식품으로, 나머지 끼니는 건너뛰어도 될 간편식으로 준비하여 음식물이 남는 것을 방지하기로 해요.

▲△**tip** 패스트푸드점 등에서 주는 케첩이나 머스터드 같은 미니 소스를 캠핑에서 활용하면 편하답니다.

↑ 하드 쿨러를 이용해 음식 짐을 싼 모습이에요.
↓ 간편하게 먹을 수 있는 주먹밥입니다.

**하루의
집 짓기**

자그마한 당신의 텐트 안에서 바라보는 세상은 아마도 지금껏
봐왔던 것과는 조금 다른 느낌으로 다가올지도 몰라요. 나의 세
계에 텐트라는 조그맣고 아늑한 공간이 하나 더 생긴다는 건, 마
치 어린 시절 비밀스러운 다락방에 숨어들었던 것과 같은 기분
이 들죠. 해보지 않았던 무언가를 시작한다는 것, 난생처음 가보
는 새로운 세계에 살포시 발을 얹고 한 걸음 나아가는 설렘. 자연
속에 하루의 집 짓기, 함께 시작해봐요.

텐트 칠 자리 고르기

캠핑장에 가면 보통 텐트를 치는 자리가 정해져 있고, 바닥 면이 데크나 파쇄석 등으로 고르게 만들어져 있어요. 이럴 땐 정해진 자리에 텐트를 치면 되지만, 캠핑장이 아닌 곳에서 텐트를 칠 때는 자리 고르는 것부터 신중하게 해야 합니다.

무엇보다 텐트는 안전한 장소에 설치하는 것이 가장 중요해요. 산사태나 낙석 위험이 있는 곳, 물가 가까운 곳, 바닥이 너무 무른 곳은 피합니다.
바닥은 경사 없이 평평해야 하고, 배수가 잘되는 곳이 좋습니다. 바닥에 돌멩이나 뾰족한 가지 등이 있다면 잘 골라낸 다음 바닥 면을 발로 다져서 평평하게 만들어주세요. 땅을 제대로 고르지 않은 상태에서 텐트를 치면 텐트 바닥 천이 상할 우려가 있고, 잘 때 등이 배겨서 불편할 수 있거든요. 만약 계절이 여름이라면 그늘이 있는 곳에 텐트를 쳐야 자연 그늘막 아래에서 쾌적하게 쉴 수 있어요.

이런 조건들이 충족됐다면, 텐트 출입구는 기왕이면 전망이 좋은 곳을 향하되, 바람의 반대 방향으로 해야 합니다. 바람의 방향대로 치면 텐트 앞에서 모닥불을 피우거나 음식을 할 때 온갖 연기가 텐트 안에 들어가는 건 물론, 자칫 텐트가 날아갈 위험도 있어요.

텐트 칠 자리 고르기부터 쉽지 않다고 생각할 수도 있어요. 하지만 몇 번 하다 보면 능숙하게 자리를 고르는 여러분을 발견하게 될 거에요.

▲△**tip** 텐트 등의 장비를 세팅할 때는 작업용 장갑을 끼는 게 좋아요. 털장갑 같은 일반 장갑이 아니라 '작업용 장갑'이 따로 있는데요, 되도록 손에 밀착되는 사이즈로 골라야 사용할 때 편해요. 쇼핑 사이트나 마트 등에서 해당 카테고리를 쉽게 찾을 수 있답니다. 예전에는 장갑이 답답해서 맨손으로 했는데, 어느새 손이 거칠어져 있더라고요. 맨손은 아무래도 상처를 입거나 흙이 묻기도 하고, 망치질을 할 때도 위험해요. 장비를 다룰 땐 손을 보호하기 위해서라도 작업용 장갑을 꼭 껴주세요.

텐트 설치하기

준비물 ✎ 텐트, 장갑, 망치 등

자리를 잘 잡았다면 이제 텐트 설치가 남았어요. 122쪽에서 본 대로 널따란 공간에서 설치 연습을 해보셨다면 조금 수월하겠지 만, 처음이어도 너무 걱정하지 말아요. 조급해하지 말고 차근차 근 하나씩 하다 보면 어느새 자연 속 내 집이 완성될 거에요. 텐 트의 종류는 다양하지만, 치는 원리는 대부분 비슷한 편이에요.

▲△tip 텐트가 설치될 자리 바닥에 풋프린트를 까는 것을 잊지 마세요. 풋 프린트는 방수포인데요. 텐트 바닥에서 습기가 올라오는 것을 막아줍니다. 텐트별로 전용 풋프린트 제품이 있는 것도 있고, 없다면 텐트 바닥면과 비 슷한 사이즈의 방수포를 깔아도 괜찮아요.

① 텐트 칠 자리 바닥에 텐트 스킨을 펼칩니다.

② 접혀 있는 폴대들을 꺼내 결합합니다.

③ 텐트 설명서를 숙지합니다. 우린 언젠가부터 설명서를 읽지 않는 버릇이 생겨버렸는데요. 설치 전에 한번 읽어만 봐도 큰 도움이 된답니다. 텐트마다 폴대를 결합하는 순서나 위치 등이 다를 수 있는데, 설명서에 친절하게 명칭과 순서가 적혀 있으니 숙지하고 그대로 따라하면 쉽게 칠 수 있어요.

④ 설명서에 있는 순서대로 폴대와 텐트 스킨을 연결합니다. 대부분의 텐트가 중심이 되는 메인 폴대를 먼저 연결하고 나머지 폴대들을 순서대로 끼우는 방식이에요. 폴대를 가볍게 구부리는 느낌으로 텐트에 끼워주세요. 너무 억지로 힘을 주면 폴대가 부러질 수 있으니 유의합니다. 저도 처음 텐트를 칠 때 폴대가 부러질까 봐 전전긍긍하기도 하고, 잘못 끼워 부러뜨린 적도 있어요. 하지만 폴대는 맞는 자리에, 순서대로 만 끼우면 부러뜨릴 일이 거의 없답니다.

작은 캠핑, 다녀오겠습니다

↑① 텐트 스킨을 바닥에 펼쳐요.

↓② 접혀 있는 폴대들이에요. 펼쳐서 결합할 거예요.

↑② 폴대를 결합한 모습이에요.

↓③ 텐트를 칠 때는 설명서를 숙지해야 해요.

↑④ 메인 폴대를 텐트의 네 모서리에 연결했어요. 대부분의 텐트는 이렇
   게 메인 폴대 먼저 세워요.

↓⑤ 폴대와 텐트 고리를 연결해요. 또각또각 소리가 상쾌합니다.

⑤ 폴대를 연결한 후 남은 고리들을 하나씩 폴대에 끼워줍니다. 이 고리들은 폴대를 더 단단하게 지탱해주니 빠짐없이 끼워주세요. 그래야 텐트가 안정적으로 고정됩니다. 또각또각 고리 끼워지는 소리도 제법 상쾌하답니다.

⑥ 팩을 박습니다. 팩이란 텐트를 고정하기 위해 땅바닥에 박는 말뚝이에요. 팩이 잘 박힐 수 있도록 땅에 돌이나 나뭇가지가 있지는 않은지 확인합니다. 텐트 모서리마다 팩을 넣을 수 있는 고리가 있는데, 고리에 팩을 넣고 팽팽하게 당깁니다. 팩은 텐트 반대 방향으로 45도 각도로 박아야 쉽게 빠지지 않아요.

▲△tip 텐트를 바닥에 고정할 때 망치를 쓰는데요. 일반적인 쇠망치보다 고무망치를 추천해요. 쇠망치는 부피가 커서 무겁기도 하고 공구에 익숙하지 않으면 손을 다칠 수도 있어요. 저는 쇠가 부딪히는 특유의 '깡깡' 소리를 좋아하지 않아서 고무망치를 선택했는데, '땅땅땅' 소리도 귀엽고 망치질도 잘되는 편이라 만족하고 있답니다.

↑ ⑥ 망치로 팩을 45도 각도로 박아요.

↓ 텐트 완성!

텐트 철수와 보관

텐트는 철수하기 전에 되도록 햇볕에 바짝 말려주는 것이 좋습니다. 비나 눈이 오지 않았어도 새벽이슬이나 지면에서 올라오는 습기가 텐트에 남아 있을 수 있거든요. 텐트에 있는 습기를 제대로 제거하지 않은 상태로 보관하다간 곰팡이가 필 수 있어요. 그럼 복구하기 어려우니, 철수할 때 제대로 말려주는 게 중요하겠죠.

텐트는 팩만 뽑아 햇빛이 많이 드는 쪽으로 옮기고, 밑바닥도 바싹 마를 수 있도록 텐트를 뒤집어서 말려주면 좋아요. 잘 말랐으

작은 캠핑, 다녀오겠습니다

면 폴대를 빼고 텐트 스킨을 잘 접어 텐트 주머니에 넣습니다. 꼭 예쁘게 접진 않아도 되지만, 다음번 캠핑 때 기분 좋게 사용하려면 너무 구겨 넣지 않는 편이 좋겠죠?

심플하고 맛있는
간단 캠핑 요리

캠핑을 하면 왠지 더 맛있고 특별한 걸 먹어야 한다는 생각에 음식 짐을 바리바리 챙겼던 초보 캠퍼 시절을 거쳐, 거의 생존에 가까운 전투식량 등의 건조식을 먹는 단계도 지나왔습니다. 음식량을 계산하지 않고 바리바리 챙긴 시절엔 버려지는 음식들이 아까웠고, 전투식량은 말 그대로 맛도 너무 '전투적'이라 매번 먹긴 힘들었어요. 이제는 음식은 먹을 만큼만 계산해서 챙기되, 신선식품은 살짝 아쉬운 양으로 챙겨서 남기지 않고 다 먹고 오게끔 준비해요. 사람에 따라 다르지만 생각보다 캠핑에서 삼시세끼를 거창하게 먹게 되지는 않더라고요. 꼭 그렇게까지 요리를 하지 않아도, 캠핑에선 무얼 먹어도 맛있기도 하고요.

개인적으로 캠핑에서는 요리보단 쉬는 것에 더 집중하기 때문에 되도록 심플한 간식 위주로 만드는 편입니다. 제게 있어 최고의 캠핑 요리는 과정은 심플하되, 맛있고 보기에도 예쁜 메뉴예요. 저는 '캠핑 요리의 3대 덕목'이라 이름 붙였는데, 이 3대 덕목을 모두 갖춘 메뉴 몇 가지를 소개할게요.

미니 토르티야 피자

준비물 ∽ **토르티야, 모차렐라 치즈, 토마토 소스(또는 미트 소스), 스팸 또는 햄, 올리브(선택)**

① 미니 프라이팬에 토르티야를 올리고 소스를 얇게 바릅니다.
② 토르티야 위에 작게 자른 햄과 올리브를 적당히 올립니다.
③ 그 위에 모차렐라 치즈를 골고루 뿌리고 약한 불로 은근하게
  굽습니다.

▲△**tip** 토르티야가 얇아서 타기 쉬우므로 은근히 굽는 게 포인트에요. 미니 팬과 그 위에 올린 토르티야는 얇은데, 캠핑에서 쓰는 이소가스의 불은 팬 가운데로 몰려서 자칫하면 토르티야가 타버릴 수 있기 때문이죠. 가장자리도 고루 구워지도록 잘 구워주는 것이 미니 토르티야 피자의 성공 비법입니다. 토르티야가 얇아 구멍이 날 수 있으니 토핑은 부담스럽지 않은 것을 선택하는 게 좋아요. 토핑을 바꿔 다양한 피자로 응용할 수 있어요.

허니 견과류 미니 토르티야 피자

준비물 ✌ **토르티야, 모차렐라 치즈, 아몬드, 호두 등 다진 견과류, 꿀 또는 시럽**

1. 미니 프라이팬에 토르티야를 올리고 꿀 또는 시럽을 얇게 바릅니다.
2. 토르티야 위에 아몬드, 호두 등 다진 견과류를 골고루 뿌립니다.
3. 그 위에 꿀 또는 시럽을 지그재그 느낌으로 뿌립니다.
4. 마지막으로 모차렐라 치즈를 골고루 뿌리고 약한 불로 은근하게 굽습니다.

▲△tip 여러 견과류를 준비하는 게 번거로울 수도 있는데요, 그럴 땐 간편하게 한 봉지에 다양한 견과류가 들어 있는 '하루견과' 제품을 활용하는 것도 방법이에요. 베리 등이 함께 들어 있는 제품도 있으니 견과류는 간편하게 이런 제품 한두 봉지로 준비해보시면 어떨까요.

연어 오차즈케 (녹차말이밥)

준비물 ✂ **연어 한 조각, 녹차 티백 2개, 즉석밥, 주먹밥 가루, 맛간장, 허브 솔트**

① 연어에 허브 솔트를 뿌려 팬에 굽습니다.

② 연어를 굽는 사이, 녹차 티백 2개를 물에 우립니다.

③ 티백을 우린 물에 맛간장을 조금 넣어 간을 맞춥니다.

④ 즉석밥을 데워 접시에 담고, 밥 위에 구운 연어를 올립니다.

⑤ 그 위에 토핑으로 주먹밥 가루를 뿌려줍니다.

⑥ 밥 주변으로 우린 녹차 물을 붓습니다.

▲△**tip** 연어를 구울 때, 언제 뒤집을지 애매할 때가 있지요. 연어는 익으면 살이 살짝 하얗게 되는데, 이런 부분이 생선의 반 정도 되면 뒤집어주면 좋습니다. 기호에 따라 고추냉이를 곁들어도 맛있답니다. 녹차 물에 밥을 잘 저어 한술 뜨세요. 그 위에 연어 한 조각 올려 먹으면 깔끔하고 담백한 맛이 일품이랍니다.

작은 캠핑, 다녀오겠습니다

브리 치즈 구이

준비물 ⊙ 브리 치즈, 견과류와 건과일(다양한 견과류가 한 봉지에 들어 있는 '하루견과' 등을 활용해도 좋아요), 메이플 시럽, 비스킷(선택)

① 브리 치즈를 6등분으로 칼집을 냅니다.

② 견과류를 씹기 좋은 크기로 적당히 자릅니다.

③ 팬 위에 브리 치즈를 올리고, 치즈 위에 메이플 시럽을 뿌립니다.

④ 약불로 가열하다가 자른 견과류를 올린 뒤 뚜껑이나 접시로 팬을 덮어 조금 더 구워요.

⑤ 모양이 흐트러지지 않도록 주의하며 접시에 옮겨 담은 뒤, 메이플 시럽을 한 번 더 살짝 뿌립니다.

▲△**tip** '치즈의 여왕'이라 불리는 브리 치즈는 구워서 그냥 먹어도 맛있지만, 비스킷 위에 올려 먹으면 훨씬 맛있답니다. 와인에 곁들이기 좋은 안주이기도 해요.

감바스 알 아히요

준비물(2인 기준) ✂ 새우 10~12미, 올리브 오일 200ml(종이컵 한 컵 정도), 마늘 10~15알, 페페론치노 또는 청양고추, 소금, 후추 약간, 브로콜리, 버섯, 방울토마토 등 취향에 맞는 채소, 바게트

① 마늘을 슬라이스로 썰어 준비합니다.

② 올리브 오일을 팬 위에 붓고 중약불로 끓입니다.

③ 팬에 마늘을 넣고 튀기듯이 볶습니다.

④ 페페론치노(혹은 청양고추)를 넣습니다.

⑤ 버섯을 넣고 볶다가 소금과 후추로 간을 합니다.

⑥ 새우를 넣고 함께 볶아요.

⑦ 마지막으로 브로콜리, 방울토마토 등의 준비한 채소를 넣고 볶으면 완성입니다.

⑧ 팬에 살짝 구운 바게트와 곁들여 먹어요.

▲△tip 마늘은 취향껏 더 넣으셔도 좋아요. 감바스를 먹고 남은 오일에 파스타를 추가해 알리오올리오를 해 먹어도 맛있어요. 이럴 경우 감바스를 요리할 때 올리브 오일을 조금 더 넉넉히 써주세요.

라타투이

준비물 ⊘ 파스타 소스(토마토, 미트, 로제 등 취향껏), 가지, 애호박, 토마토, 다진 양파, 다진 햄 또는 다진 소고기, 올리브 오일, 바게트 또는 식빵

① 가지, 애호박, 토마토는 3mm 정도 두께로 썹니다. 두께가 제 각각이지 않도록 주의해요.

② 팬에 올리브 오일을 두르고 다진 양파와 다진 햄(또는 다진 소고기)을 볶습니다.

③ 볶은 재료를 팬에 얇게 펴고, 그 위에 파스타 소스를 도톰하게 발라요. 팬 위에 고루고루 바르는 것이 포인트!

④ 자른 야채들을 서로서로 반 정도 겹치도록 팬 둘레를 따라 파스타 소스 위에 올립니다. 가지, 애호박, 토마토 등의 순서로 서로 다른 채소들이 이어지게 둘러야 모양이 예뻐요.

⑤ 바닥이 타지 않게 약한 불로 한소끔 끓입니다. 뚜껑을 덮어주면 좋아요. 푹 익혀서 먹는 것이 아니기 때문에 너무 오래 끓이진 않아도 됩니다.

⑥ 적당히 끓인 채소를 하나씩 바게트(또는 식빵)에 올려 먹거나, 채소가 우러난 소스에 빵을 찍어 먹어요.

▲△tip 캠핑 요리는 필요한 재료만 담겨 있는 밀키트 제품이나 완조리, 반조리 제품을 활용해도 좋아요. 요리에 너무 많은 에너지를 쏟으면 안 되니, 양은 적당히 준비해요.

작은 캠핑, 다녀오겠습니다

캠핑 매너

캠핑에선 '아니 온 듯 다녀가기'를 흔히 말합니다. 이곳에 온 적이 없는 것처럼 자리를 깨끗하게 정리하고 가는 게 중요하다는 거죠. 쓰레기봉투를 챙겨 내가 만든 쓰레기를 깨끗하게 치우고, 가능하면 주변의 쓰레기들도 줍는 것이 좋겠죠? 쓰레기 치우는 것도 중요하지만 '덜 버리는 것'도 못지않게 중요해요. 캠핑에서 음식물 쓰레기가 많이 나오곤 하는데, 너무 많은 음식을 챙겨 와서 다 먹지 못하고 버리는 경우가 많은 탓입니다. 음식 짐을 남기지 않게 간소하게 싸는 요령은 140쪽에서 살펴보았죠. 음식은 먹을 만큼만 챙기는 것이 좋아요. 이외에도 캠핑에서 꼭 지켜야 할 매너 몇 가지를 소개할게요.

↑ 불필요한 것을 덜어낸 작은 캠핑을 떠나면, 쓰레기도 적게 나와요.

캠핑은 야외에서 하루의 집을 짓는 것으로, 캠핑하는 동안 옆 텐트는 곧 이웃집이에요. 자연 속에 쉬러 온 건 우리나 이웃이나 마찬가지겠죠. 하루의 이웃에게 피해가 가지 않도록 서로서로 배려하며 조심하는 것이 필요해요.

● ○ 스피커는 적당한 볼륨으로
요즘 블루투스 스피커를 사용하시는 분들이 많은데, 볼륨을 너무 크게 틀어놓는 경우가 종종 있어요. 탁 트인 야외에서 좋아하는 음악을 듣는 것은 나에겐 좋을지 몰라도, 누군가에겐 소음이 될 수 있어요. 적당한 볼륨으로 이웃의 휴식을 존중하는 배려를 해주세요.

● ○ 에티켓 타임 지키기
모두가 잠자리에 드는 시간, 그래서 조용히 하는 시간을 '에티켓 타임'이라고 해요. 보통 밤 10~11시 이후는 에티켓 타임으로, 텐트의 불이 하나둘 꺼지며 잠자리에 들곤 해요. 음악은 끄고 목소리를 낮춰 잠든 이웃을 방해하지 않도록 해요.

● ○ 남의 텐트 자리 지나다니지 않기
캠핑에서 텐트는 곧 집이나 마찬가지인데요. 그렇기에 이웃의 텐트나 타프 아래는 가로질러 지나가지 않는 것이 예의입니다.

캠핑용품,
오랜 친구가 되다

오랜 시간 캠핑을 다니면서 정말 다양한 용품들을 사용해봤는데요. 한 번에 다 갖추고 시작하지 않고 시간을 들여 천천히 산 아이템들이 대부분이에요.

미니멀한 캠핑을 지향하지만, 아직도 새로운 아이템이 나올 때마다 기웃기웃 보게 되는 건 어쩔 수 없는 것 같아요. 캠핑용품을 구경하러 갈 때면 새로운 장난감을 보러 가는 아이처럼 마냥 신나고요. 몇 번이나 들었다 놓았다 결국 내려놓고 올 때가 많지만, 보는 것만으로도 왠지 기분이 좋아지는 것이 딱 아이들의 그 마음과 무척 닮았어요.

어린 시절, 유리구슬 모으듯 소중하게 하나씩 마련한 캠핑용품 중 애정하는 것들은 신기하게도 이젠 낡고 허름해진 오래된 것들이에요. 텐트부터 의자, 테이블, 랜턴 등 다양한 캠핑용품을 사용해보면서 나와 맞는지, 조금씩 알아가고 맞춰가길 반복했는데요. 그래도 서툰 시작부터 늘 함께해온 첫 캠핑용품에 가장 애착이 가곤 하더라고요.

오랜 시간 함께했기에 이제 더이상 새것처럼 반짝이진 않지만, 세월의 흔적만큼 이 친구들과 함께한 시간이 더 소중하게 느껴집니다. 그동안 크고 작은 모험을 함께하며 늘 곁에 있어준 캠핑용품들을 소개할게요.

시에라컵

캠핑을 시작할 때 뭘 제일 먼저 사야 하냐고 묻는다면, 개인적으로 가장 추천하고 싶은 아이템이 바로 시에라컵이에요. 텐트도 아니고, 침낭도 아니고, 시에라컵이라니? 의아하게 생각하실 분들도 많을 텐데요. 캠핑에선 그만큼 상징적인 의미가 있는 아이템이랍니다.

처음부터 커다란 캠핑용품들을 보다 보면 낯선 용어와 생각보다 많은 선택지에 혼란스러워지기 마련이에요. 그러다 캠핑을 시작하기도 전에 지쳐버릴 수 있기에, 큰 장비보다는 작은 아이템들

작은 캠핑, 다녀오겠습니다

로 시작하길 추천하곤 합니다. 특히 시에라컵은 일상생활에선 쓰지 않는 '캠핑의 시그니처' 같은 아이템이라, 이거 하나만 있어도 이미 캠퍼가 된 것 같은 설렘을 느낄 수 있어요.

처음 시에라컵을 샀을 때의 설렘이 아직도 생생한데요. 넓은 가게에서 뭘 사야 할지 몰라 고민되던 그때, 시에라컵이 눈에 들어왔습니다. 컵으로도 쓸 수 있고, 앞접시로도 쓸 수 있고, 배낭이나 고리 등 여기저기 걸어둘 수 있어서 꼭 필요해 보였죠. 일상에선 잘 쓰지 않는 생경한 디자인이 오히려 더 마음에 들었어요. 무수히 많은 물건들을 뒤로 한 채 일단 시에라컵만 사서 나왔는데 이미 마음은 캠핑의 한 순간에 가 있는 듯한 기분이었죠. 이후로 캠핑할 때마다 매번 가지고 다니면서 애용하는 아이템이 되었어요. 친구들과 함께 캠핑을 가면 각자 자신의 시에라컵은 갖고 있을 정도로 캠핑할 때 정말 유용한 녀석이지요. 간혹 캠핑 경험이 없는 친구들을 초대할 때가 있는데, 그럴 때 시에라컵 하나만 들고 오라고 하곤 합니다. 이거 하나만 갖춰도, 이미 우리 마음속의 캠핑은 시작된 거나 마찬가지니까요.

캠핑 머그

캠핑에서 가장 많이 사용하는 용품 중 하나가 아닐까 싶어요. 물, 커피는 물론 맥주 등의 음료를 마실 때도 정말 유용해요. 캠핑 머그는 주로 스테인리스나 티타늄 소재로 만들어지기 때문에 깨질 염려가 없어 편하게 사용할 수 있어요.

시에라컵을 머그 대신 사용하기도 하지만, 이미 앞접시 용도로 시에라컵이 쓰이고 있을 땐 머그가 있어야겠죠. 저희가 사용하는 캠핑 머그는 거의 모든 캠핑의 순간에 함께했기에, 참 많이 낡고 허름해졌어요. 어느새 인쇄돼 있던 브랜드 로고도 희미해지

작은 캠핑, 다녀오겠습니다

고 온통 긁힌 흔적투성이지만, 그런 모습들이 더 정감 가고 애틋하게 느껴지곤 합니다. 그만큼의 시간과 추억을 우리가 함께 쌓았구나 하는 생각이 들어서요. 앞으로도 낡아질 테지만 구멍 나서 물이 새기 전까지는 더 오래오래 데리고 다니려고 합니다.

경량 배낭

하이퍼라이트마운틴기어 HMG 2400

백패킹을 하면서 좀 더 가볍게 다녀야겠다는 생각으로 구입한 배낭이에요. 가벼운 소재에 롤탑(장비를 수납 후 위쪽 부분을 말아서 여미는) 형식이라 짐이 많아지면 배낭이 길어지고, 짐이 줄면 배낭이 짧아지는 형태입니다.

오래 써서 많이 구겨지고 색도 탁해졌지만, 처음엔 뽀얗고 구김도 거의 없는 빳빳한 모습이었어요. 오래 사용할수록 부드러워지고 자연스레 손때가 타는 소재라, 오랜 시간을 지나 지금의 모습이 되었어요. 늘어나는 소재도 아니고 수납 공간이 많은 배낭

작은 캠핑, 다녀오겠습니다

도 아니라서 선택할 때 꽤 고민을 했던 기억이 납니다. 포대 자루처럼 짐을 한 방에 수납하는 방식이라 처음에 제대로 넣지 않으면 모양을 잡기 무척 힘들었거든요. 그렇지만 그런 고민의 시간이 있었기에 쓸데없는 짐을 줄이고 더욱 콤팩트하게 배낭을 꾸릴 수 있게 되었어요. 배낭이 감당할 수 있을 만큼만 담다 보니 자연스레 짐도 줄었고, 저의 발걸음도 가벼워질 수 있었습니다. 가뿐함에 한 걸음 더 다가가게 해준 고마운 배낭이에요.

주전자

트란지아 캠핑주전자 0.6 L

딱 두 사람 몫의 커피를 끓이기 좋은 양의 주전자예요. 더 큰 주
전자도 있었지만 이 정도 양이 알맞을 것 같았습니다. 용량이 커
지면 그만큼 짐도 늘어나기 마련이니 남는 것보다는 조금 모자
라는 쪽을 선택한 거죠. 앙증맞은 크기 덕분에 여기저기 다양한
캠핑에서 부담 없이 사용하고 있어요. 물이 부족하면? 더 끓이
면 됩니다. 용량이 작아 금방 끓어오르거든요. 필요한 만큼의 물
만 끓일 수 있어서 소모되는 물의 양도 많이 줄었어요. 가벼운 무
게에 귀여운 디자인까지. 커피를 즐겨 마시는 저희에겐 더할 나
위 없는 아이템이에요.

침낭

몽벨 다운허거 800EXP

앞서 살펴봤듯 침낭은 봄, 여름, 가을까지 사용하는 3계절 침낭과 겨울에 사용하는 동계 침낭, 두 가지가 있는데요. 저희는 동계 침낭으로 머리까지 뒤집어쓰는 머미형을 써요. 온몸이 포옥 안기는 느낌이 들죠.

동계 침낭 하면 왠지 겨울에만 쓸 것 같지만, 자연의 계절은 도시보다 진하기에 겨울의 끝자락인 봄, 시작점인 가을에도 동계 침낭이 제법 유용하게 쓰입니다. 부피가 커서 짐을 꾸릴 때마다 매번 고민하지만, 막상 가서는 단 한 번도 후회한 적이 없어요. 머리까지 뒤집어쓰는 스타일이라 한번 들어가면 너무 포근해서 나오기 싫어지는데요. 그렇게 침낭 속에서 꼬물꼬물 '침낭멍'을 즐기다 보면 굼벵이랄까, 라바의 모습이 되어버리죠. 캠핑, 차박, 그리고 가끔은 집에서 캠핑 기분을 낼 때도 유용하게 사용하고 있어요.

스토브
스노우피크 기가파워 스토브

첫 캠핑부터 함께한 친구예요. 아래쪽에 캠핑용 이소가스를 연결해 사용하는 미니 스토브랍니다. 한 손에 쏘옥 들어갈 정도로 작게 접혀서 휴대하기 좋고 화력도 세서 애용하는 아이템입니다. 20여 년 전에 출시된 이 스토브는 '셔츠 안에 들어갈 만한 작은 스토브가 갖고 싶다'는 생각에서 개발된 제품이라고 해요. 덕분에 이렇게 편리하게 사용하고 있으니, 감사할 따름이지요.

작은 크기에 장난감 같아 보여도 제법 튼튼해요. 지금껏 고장 한 번 나지 않고 식사 시간을 책임져주고 있거든요. 백패킹용으로

산 것이지만 다른 스타일의 캠핑에 활용할 수도 있고요. 이 친구 덕분에 작은 스토브가 익숙해서 코펠이나 팬도 그에 맞춰 작은 제품들을 사용하고 있어요. 그러다 보니 음식 양도 많이 챙기지 않아 버리는 것이 줄어드는 선순환이 생기네요.

텐트

MSR 무타허바

1인용부터 8인용까지 다양한 텐트를 사용해봤지만, 정말이지 모든 텐트가 다 개성이 뚜렷하고 존재 이유가 확실해서 가장 좋은 것 하나를 뽑기가 곤란할 정도예요. 그럼에도 딱 하나만 골라야 한다면 역시 첫 텐트예요.

저희는 부부가 함께 캠핑을 시작했기에 처음부터 2인 세팅을 염두에 두었어요. 텐트는 2인용을 사야 하나, 3인용을 사야 하나 고민하다가 넉넉한 3인용을 골랐는데, 정말 탁월한 선택이었죠. 가볍게 다니는 백패킹이어도 텐트의 내부 공간에 여유가 있어서 안에 짐을 다 넣고도 넉넉하게 쉴 수 있어 좋았거든요. 철수와 세팅도 간편해서 초보 캠퍼에게 캠핑의 즐거움을 선사한 고마운 텐트랍니다. 캠핑으로 간 신혼여행에도 함께한 의미 있는 친구죠. 저희와 정말 많은 곳을 함께 다니며 어디서든 안락한 지붕이자 안방이 되어줬어요.

작은 캠핑, 다녀오겠습니다

캠핑을 떠나기 전에 공원, 공터 등 넓은 곳에서 텐트 등 캠핑 장비를 설치하는 연습을 해보세요. 실제로 캠핑을 갔을 때 허둥지둥거리는 시간을 줄일 수 있어요.

바쁜 일상 속, 캠핑이 간절할 때면 피크닉과 캠핑을 합친 '캠프닉'으로 지친 마음을 달래보세요. 일반적인 피크닉 준비물에 캠핑 소품 몇 가지만 더하면 됩니다.

1박 2일 캠핑 전에 '당일 캠핑'을 해보세요. 처음부터 잠을 자고 오는 캠핑을 하면 너무 힘이 들어갈 수 있거든요.

당일 캠핑으로 캠핑을 경험해보면 생각보다 필요 없는 물건이 있기도 하고, 반면 꼭 필요한 물건이 생기기도 해요. 메모해두면 다음번에 떠날 캠핑 짐을 꾸릴 때도 도움이 됩니다.

음식을 쌀 때는 미리 손질한 재료, 밀키트 제품 등을 활용해보세요. 배낭은 가벼워지고 쓰레기는 덜 나와요.

텐트를 설치할 때는 설명서를 꼭 숙지하세요.

자연보호와 다른 캠퍼들을 위해 캠핑 매너를 꼭 지켜주세요.

캠핑용품은 한 번에 다 갖추지 않고 시간을 들여 천천히 마련해보는 건 어떨까요? 캠핑용품과 오랜 친구가 되어가는 즐거움이 있어요.

4.

정해진 캠핑의 일과를 묵묵히 해내면서 일상의 복잡한 생각도
함께 정리하는 것. 아무것도 하지 않는 시간의 너그러움에서 비
워낼 힘을 얻곤 합니다. 나 자신을 다독이고 다시 채워나갈 수 있
도록요. 다시 일상으로 돌아갈 때면 에너지가 늘 한가득이에요.

계절 산책자의
시간

어떤 계절을 가장 좋아하시나요? 저는 어렸을 땐 봄이 참 좋았고, 그 다음엔 겨울, 언젠가는 가을을 좋아했습니다. 더운 여름을 좋아해본 적은 사실 없었던 것 같아요. 도시의 저는 이리도 계절을 편애했습니다. 그랬던 제가 캠핑을 시작하고부터는 사계절 모두를 사랑하는 '계절 박애주의자'가 되었어요. 각자의 빛을 품고 있는 계절의 곱디고움을 캠핑을 통해 알게 된 거예요. 그중에서도 여름을 가장 좋아하게 되었답니다. 도시에서는 그렇게도 관심도 없고 힘들어했던 계절, 여름을 말이죠.

푸릇푸릇한 숲의 기운이 넘쳐나고 시원한 나무 그늘과 계곡에 앉아 있으면 도시의 더위는 남의 일처럼 느껴지곤 하는 여름. 갑작스런 소나기가 얄궂게 내리기도 하고, 뜨거운 태양이 넘실대는 오후는 아무것도 못할 정도로 덥지만, 그 심술궂음도 여름의 개구진 표정 중 하나인 것만 같이 느껴지곤 합니다. 여름이 더워야 여름이지, 변덕을 부려야 여름이지. 이렇게 생각하면 갑작스러운 날씨 변화나 무더위에도 '또 그런다' 하고 웃어버리게 돼요. 정말이지 좋은 건 다 좋게만 보이나봐요.

가을이야 말할 것도 없이 좋은 계절이에요. 여름과 겨울 사이를 잇는 너그러운 바람과 기분 좋은 서늘함. 짧다는 게 유일한 단점인 가을이 되면 캠퍼들은 바빠지곤 해요. 매일매일이 캠핑하기 좋은 날들이라 매주 어디론가 텐트를 치러 나가야 하거든요. 어디를 가도 좋은 계절이기에, 부지런히 짐을 꾸려 떠나고 돌아오기를 반복하는 거죠.

겨울은 본격적인 추위와의 싸움이 시작되는 계절입니다. 이불 속에 머물고 싶은 나와 이불 밖을 나서려는 나의 싸움이 시작되죠. 이불을 박차고 나오면 겨울 캠핑만의 즐거움이 기다리고 있답니다. 텐트 안에 작은 난로를 만들고, 그 위에는 주전자 물을 올려 따끈한 차를 마시는 거예요. 난로 주변에 둘러앉아 차가워진 손을 녹이고, 한 땀 한 땀 뜨개질도 하곤 합니다. 겉뜨기, 안뜨기… 크게 집중하지 않아도 되는 목도리를 주로 뜨는데, 멍하니 앉아서 뜨개질을 하다 보면 작은 목도리 하나 정도는 뚝딱 완성되곤 합니다.

텐트 안에서 불멍을 즐길 수 있는 화목난로를 챙기면 겨울 캠핑이 더 즐거워요. 화목난로는 나무 장작을 연료로 하는데요. 겨울엔 추운 날씨 탓에 밖에서 불멍을 못하는 아쉬움을 화목난로를 사용하며 달랠 수 있지요. 달궈진 상판에선 요리도 할 수 있어 여러모로 겨울 캠핑의 재미를 더해줍니다.

봄은 가을과 더불어 캠핑하기 가장 좋은 계절이죠. 겨우내 텐트 안에만 머무르느라 찌뿌둥했던 몸도 슬슬 움직여줘야 해요. 다른 때보다 좀 더 작고 가볍게 배낭을 꾸리게 되는 계절이 봄인데요. 캠핑지를 고를 때 주변에 산책하기 좋은 길이 있는지 먼저 살

피고, 일부러 좀 더 걸을 수 있는 장소를 선택하곤 합니다. 주변에 피어나는 새싹이나 들꽃들의 에너지를 받으며 마냥 걷고 싶어지는 계절이니까요. 겨울을 닮은 초봄과 여름을 닮은 늦봄, 제법 온순해진 두 계절 사이를 오가는 기분도 봄에만 느낄 수 있는 즐거움이겠죠.

이렇게 사계절이 모두 자신만의 색으로 빛나고 있기에, 매번 자연을 찾습니다. 자연 속에서 하루의 집을 짓는 캠핑을 하고 나면 더욱 그 속에 녹아들어 계절의 에너지를 담뿍 얻고 와요. 이렇듯 계절의 혹독함보다는 즐거움을 찾는, 나만의 '계절 놀이'를 하나씩 만들어나가는 것도 작은 캠핑의 묘미입니다. 우리, 이번 계절에는 계절 산책자가 되어보는 건 어때요?

작은 캠핑, 다녀오겠습니다

커피의 시간

캠핑에서 가장 좋아하는 일과 중 하나가 바로 커피 마시기에요. 주로 원두를 챙겨 핸드드립을 하거나 모카포트 등의 도구를 이용해 마시곤 하는데 느릿한 기다림의 시간이 캠핑과 꼭 닮은 듯해요. 텐트를 다 치고 잠시 숨을 돌릴 때, 저녁 식사를 마치고 따스한 모닥불 앞에 둘러앉을 때, 그리고 아침 식사할 때도. 캠핑의 순간엔 늘 커피가 자연스런 풍경으로 자리하고 있어요.

간소하게 챙기는 캠핑 짐이지만, 원두는 늘 아낌없이 챙깁니다. 요즘엔 드립백이나 인스턴트처럼 간편한 제품도 많지만, 어쩐지 캠핑에선 너무 편리한 것보다는 좀 더 아날로그한 모카포트나 드리퍼 같은 아이템에 더 손이 가요. 천천히 시간과 정성을 들여 만드는 커피의 시간을 좋아해서일까요.

일상에서 맛있는 커피를 발견하면 꼭 원두를 사두는데, 이건 순전히 캠핑을 위한 몫이에요. 맛있는 음식을 먹으면 함께 먹고 싶은 사랑하는 사람의 얼굴이 떠오르듯 '아, 이거 캠핑에서 마시면 더 맛있겠다'라고 생각하는 거에요. 마음은 이미 자연 속에 가 있는 몽글몽글한 기분이죠. 그렇게 주중에 준비한 신선한 원두로 내린 주말의 캠핑 커피는 맛있을 수밖에요.

작은 캠핑, 다녀오겠습니다

드리퍼에 원두를 넣고, 끓인 물을 드리퍼에 쪼르륵 한 바퀴 둘러주면 뽀얀 머핀 같은 거품이 부풀어 오릅니다. 원두가 신선할수록 빵실빵실한 거품이 더 선명하고 풍성해서 구경하는 재미가 있어요. 그럴 때면 이렇게 신선한 원두를 가져온 스스로를 칭찬하게 되죠. 커피가 잘 추출되도록 원두가 물에 충분히 젖길 잠시 기다리는 시간. 맛있어져라, 맛있어져라, 마음속으로 주문을 외우며 기다리는 이 시간이 참 사랑스러워요.

모카포트로 내리는 커피도 좋아해요. 커피가 추출될 때쯤 뚜껑을 살짝 열어 에스프레소가 뿜어져 나오는 모습을 볼 때면 처음 보는 것도 아닌데 새삼 신기하고 재밌답니다. 모카포트로 만든 에스프레소는 맛도 제법 터프해요. 조금 거친 맛조차 클래식하게 느껴지는 건 캠핑에서 마시기 때문일까요.

저는 캠핑 짐을 쌀 때 매번 조금씩 다르게 커피 도구를 챙기는데요, 필수 캠핑 장비들을 꾸릴 때처럼 신중하게 골라요. 조금은 느리지만 깊고 진하게 자연의 시간을 음미할 수 있는 커피의 시간이 무척 소중하거든요. 작은 캠핑에 유용한 커피 도구들을 보여드릴게요.

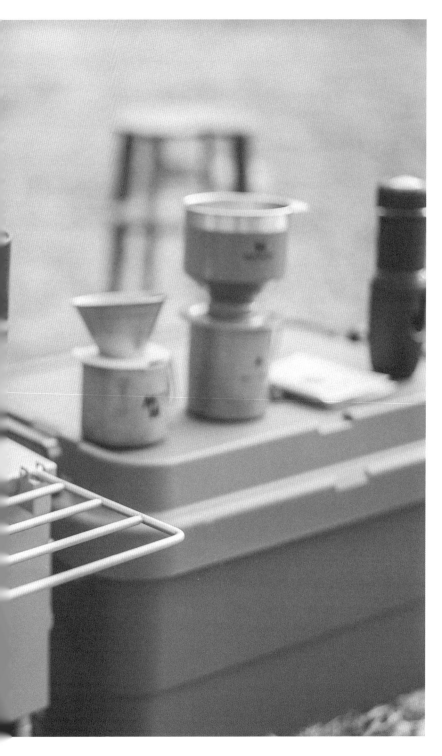

휴대용 드리퍼

드리퍼는 핸드드립 커피를 내릴 때 사용하는 도구입니다. 세라믹, 스테인리스 등 다양한 소재의 제품이 있어요. 작게 접히거나 들고 다니기 좋은 휴대용 드리퍼 제품은 캠핑에서도 간편하게 쓸 수 있어 추천해요. 휴대용 드리퍼는 종이 필터가 필요한 것도 있고, 드리퍼와 영구 필터가 일체형으로 된 것도 있어 다양하게 선택할 수 있어요.

↖ 종이 필터를 사용하는 드리퍼
↑ 영구 필터 일체형 드리퍼

모카포트

원두와 물을 넣고 끓이면 수증기의 압력에 의해 에스프레소 원액이 추출되는 도구에요. 캠핑과 잘 어울리는 클래식한 커피 맛에 감성까지 더할 수 있는 아이템이죠. 다양한 사이즈와 디자인이 있어 선택하는 재미가 있습니다. 컵 단위로 사이즈가 나뉘는데, 처음 구매할 때는 한 사이즈 크게 선택하는 것이 좋아요. 예컨대 두 명이라면 세 컵 사이즈를, 세 사람이 마실 땐 네 컵 사이즈를 선택해야 에스프레소 추출량이 넉넉해요.

작은 캠핑, 다녀오겠습니다

핸드밀

원두를 가는 도구입니다. 원두를 구매할 때 갈지 않고 산 다음,
커피를 마시기 직전에 핸드밀로 원두를 갈면 좀 더 신선한 커피
를 마실 수 있어요. 핸드밀 사용이 번거롭다면 집에서 미리 갈아
오거나, 원두를 구매할 때 분쇄를 요청해도 되겠죠.

드립백

분쇄된 원두가 커피를 내리기 좋게 마련되어 있는 일회용 제품입니다. 간편하게 드립 커피를 즐길 수 있어 편리해요. 다른 커피 도구가 특별히 필요하지 않아 핸드드립을 처음 시도할 때나 백패킹같이 짐을 적게 가져가야 할 때 유용해요.

작은 캠핑, 다녀오겠습니다

휴대용 커피 머신

어디서나 캡슐 커피를 추출할 수 있는 휴대용 에스프레소 머신입니다. 간편하게 에스프레소를 즐길 수 있고 한 손에 쏙 들어와서 휴대성이 좋고 편리해요.

겨울의 차,
뱅쇼

겨울에는 커피 외의 다른 따뜻한 차들도 많이 마시는 편이에요. 녹차, 홍차 등의 티백이나 가루차를 챙겨 커피를 마시지 않는 친구에게 건네거나, 커피를 너무 많이 마셨다 싶을 때 대용으로 마시기도 합니다.

저에게 있어 겨울 캠핑의 차는 뱅쇼인데요. 프랑스에서 감기가 걸렸을 때 마시기도 한다는 뱅쇼는 레드 와인에 오렌지, 사과, 레몬 등의 과일과 시나몬, 정향, 통후추를 넣고 푹 끓인 음료랍니다. 과일을 썰어 주전자에 차곡차곡 넣고 와인 한 병을 콸콸 부은 다음 시나몬 등의 향신료와 함께 끓여주기만 하면 되는데요. 어렵진 않지만 꽤나 손이 가는지라 번거로운 메뉴라고 생각할 수 있어요. 하지만 겨울의 초입엔 정성이 가득 들어간 이 뱅쇼를 마셔줘야만 계절을 제대로 맞이하는 기분이 들곤 해요.

뱅쇼는 다 끓고 나면 와인이 거의 반으로 줄어들고 알콜도 날아가 진한 쌍화차 같은 느낌을 주기도 해요. 어쩐지 사라져버린 반절의 와인이 아쉽지만, 그만큼 깊어진 뱅쇼의 맛을 보면 고개가 절로 끄덕여집니다.

작은 캠핑, 다녀오겠습니다

뱅쇼를 마시려면 재료를 준비하고 끓이기까지, 생각보다 오랜 시간이 걸려요. 와인이 바글바글 끓어오르길 기다리는 시간. 주전자를 가만히 응시하기도 하고 이따금 뚜껑을 열어보기도 합니다. 와인이 과일에, 과일이 와인에, 서로가 서로에게 배어드는 촉촉한 시간을 흐뭇하게 바라보는 거죠. 과일이 아예 보랏빛으로 물들어버린 모습은 신기하고 재밌어요. 어릴 때 이후로 이렇게 "오! 와~" 하는 감탄사를 많이 내뱉은 적이 없었던 것 같아요. 감탄할 일이 없었던 건지, 더이상 감정을 밖으로 꺼내지 않게 된 건지는 알 수 없지만요.

생각해보면 집에선 굳이 뱅쇼를 만들어 마시지 않아요. 사실 아예 시도조차 하지 않았던 것 같기도요. 하긴, 느리게 만들어지는 뱅쇼는 일상보다는 캠핑과 훨씬 잘 어울리는 것 같네요.

뱅쇼 만드는 법

준비물 ⊙ 레드 와인 1병, 오렌지 1~2개(귤로 대체 가능), 레몬 1~2개, 사과 1개, 시나몬 스틱 2~3개, 통후추, 정향(생략 가능)

1. 오렌지, 레몬, 사과 등의 과일을 맛이 잘 배어나올 수 있도록 얇게 썹니다.
2. 썬 과일을 주전자 안에 겹치게 쌓고, 시나몬 스틱과 통후추, 정향, 팔각 등의 향신료도 넣습니다. 과일과 향신료들이 너무 한쪽에 몰리지 않게 골고루 넣는 게 좋아요.
3. 그 위에 와인 1병을 붓고 중약불로 끓입니다.
4. 과일에 와인 색이 적당히 배어들었을 때쯤 맛을 보며 조금씩 따라 마십니다. 약불로 잔잔하게 끓여가며 마셔도 좋아요.

▲△**tip** 과일은 상큼한 시트러스 계열이면 뭐든 추가 가능해요. 와인은 드라이한 쪽이 어울리는데, 저렴한 제품을 구매해도 괜찮더라고요.

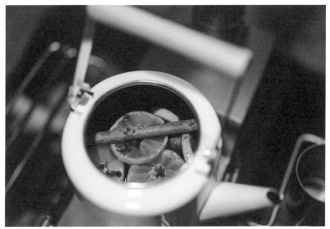

도시의 잔재는 사르르,
불멍 타임

타닥타닥. 잘 마른 땔감이 타들어가는 소리. 빠져들듯 신비롭고 아련한 주홍빛의 불. 화로대 근처에 옹기종기 모여 앉아 나누는 나지막한 대화. 모닥불의 시간을 떠올리면 마음이 이내 푸근해지곤 해요. 아무것도 하지 않고 모닥불을 바라보며 멍하니 앉아 있는 '불멍 타임'은 캠핑에서 가장 좋아하는 시간입니다. 저녁 불멍을 위해 주변에서 불쏘시개용으로 바닥에 떨어진 잔가지들을 하나둘씩 모으다 보면 어느새 두 손 가득, 주머니 가득이에요. 도토리를 모으는 다람쥐가 된 기분입니다.

텐트와 적당히 떨어진 곳에 자리를 잡고선 화로대를 펼칩니다. 장작을 자루에서 꺼내 우물 정(井) 모양으로 쌓아둡니다. 장작을 미리 쌓는 것은 불이 잘 붙도록 습기를 말리려는 이유도 있지만, 실은 단정하게 불멍 시간을 준비하는 의식에 더 가까워요. 불씨를 살리는 용도의 얇은 장작은 먼저 태우기 위해 미리 빼두고, 불이 안정되면 넣는 두꺼운 장작은 나중에 넣기 위해 아래쪽에 놓아요. 이렇게 오늘 태울 장작들의 면면을 살피며 당장이라도 불을 피우고픈 마음을 진정시키는 거죠.

작은 캠핑, 다녀오겠습니다

생각해보면 어린 시절에도 불장난을 좋아했던 것 같아요. 불장난을 하면 다음 날 이불에 실례를 할 수 있다는 어른들의 말이 신경 쓰였지만, 타오르는 주홍 불빛에 무아지경으로 빠져들었죠. 그러다 타이즈나 앞머리를 몇 번 태워서 엄마에게 혼난 기억도 있네요. 지금도 그때를 생각하면 함께 비밀스런 모험을 즐긴 동네 친구들의 얼굴이 둥실둥실 떠오르곤 해요. 어른이 돼서도 불멍으로 그 시절을 추억하고 있을지, 잘 지내고 있을지….

불 앞에 앉으면 이런저런 생각들이 떠올랐다가 이내 곧 타버리기를 반복하는데, 그러다 결국엔 아무 생각이 없어지고 멍해져요. 일상의 스트레스나 걱정거리는 장작과 함께 타버리는 듯, 타닥타닥 경쾌한 소리를 내며 타오르는 장작을 보면 개운함마저 느껴집니다. 해소할 스트레스가 많을 땐 저녁까지 기다리지 않고 낮부터, 그리고 다음 날에도 불멍을 즐기며 기어이 다 풀고 가는 편이에요.

작은 캠핑, 다녀오겠습니다

친구들과 함께 캠핑할 때도 비슷한데요. 신기하게도 불 앞에선 모두 목소리가 작아지고 소곤소곤 이야기하게 돼요. 그러다 각자의 시간 속으로 조용히 빠져들곤 합니다. 멍하니 불 앞에 모여 앉은 모습은 어릴 때나 지금이나 변함이 없는 것 같네요.

불이 꺼진 후 남은 숯불도 정말 아름다워요. 사실 예전엔 숯불 위에 무언가 구워 먹을 생각에 서둘러 그릴이나 불판을 올리느라 미처 보지 못했던 적이 많았는데요. 은은히 빛나는 숯불의 아롱거림에서 타오르는 불꽃과는 또 다른 우아함이 느껴진답니다. 활활 타오르던 불꽃은 이미 사그라들었지만, 아직 불씨를 머금고 있는 숯불의 아련함에서 왠지 모를 결기가 엿보인달까요. 다시 적당한 바람만 불면 언제든 다시 타오를 수 있는 열기를 품고 있는 숯이니까요. 붉은 보석처럼 서로 다른 빛깔로 반짝이는 모습이 모닥불과는 또 다른 매력인 숯멍도 가끔 즐겨보세요.

모닥불 피우는 방법

준비물 ∅ 화로대, 장작, 숯 집게, 작업용 장갑, 착화제 또는 토치, 불을 붙일 도구(캠핑용 라이터, 성냥 등)

불을 피울 때는 반드시 화로대를 준비해야 합니다. 바닥에 바로 불을 피우면 토양이 오염되고 땅속의 미생물이 죽을 수도 있다고 해요. 장작은 습기가 있으면 연기가 많이 나거나 불이 잘 붙지 않으므로, 미리 꺼내어 말려두면 좋습니다. 또한 종이를 태우면 재가 날려 주변 나무나 텐트 등에 불이 번질 위험이 있어, 초반에 불을 붙이기 위한 불쏘시개 용도로 사용하는 것 외에는 사용을 자제하는 것이 좋습니다. 주변의 나뭇가지를 사용할 때는 절대 생나무를 꺾지 말고 떨어진 잔가지만 불쏘시개 용도로 줍도록 합니다. 대부분의 캠핑장에서 장작을 판매하고 있으니 되도록 판매용 장작으로 불을 피우는 것을 추천해요. 더불어 캠핑장 내 소화기가 비치된 곳을 미리 확인해두세요. 안전을 위해 스프레이형 미니 소화기를 구비해둬도 좋습니다.

① 화로대에 불쏘시개와 잔가지를 넣은 후, 그 위에 장작을 산 모양으로 세웁니다. 장작 사이사이에 공기가 통해야 불이 잘 붙으므로 성글게 세워주세요. 장작을 세울 땐 나무 속살이 안쪽을, 껍질이 바깥쪽을 향하게 합니다.

② 착화제를 가운데에 넣고 불을 붙입니다. 토치가 있다면 안쪽에 있는 불쏘시개와 잔가지 부분을 가열해 불을 붙여주세요.

③ 불이 잘 붙었으면 장작을 조금씩 넣으며 불씨가 죽지 않도록 합니다. 장작을 한꺼번에 너무 많이 넣으면 세워둔 장작이 쓰러지거나 불이 갑자기 커질 위험이 있어요. 추가하는 장작과 이미 세워둔 장작 사이에 적당한 공간을 두고 조금씩 넣어주는 것이 좋습니다.

④ 화로대의 불은 완전 연소될 때까지 지켜봐야 합니다. 자칫 일산화탄소에 중독될 위험이 있으니, 불이 꺼진 화로대라도 절대 텐트 안으로 들여놓지 말고 밖에 내놔야 합니다.

▲△tip 장작에서 연기만 나고 불이 붙지 않을 땐 산소가 부족한 경우가 많으므로, 입으로 바람을 불어넣어주거나 부채질을 하는 것이 도움이 된답니다. 착화제는 온·오프라인 캠핑숍, 마트 등에서 쉽게 구할 수 있어요.

↑ 장작은 습기가 있으면 불이 잘 붙지 않으므로, 미리 꺼내 쌓아 잘 말려두
면 좋습니다.

↓ 화로대 안쪽에는 불쏘시개를 넣고 위쪽으로 장작을 쌓습니다.

따로 또 같이

캠핑은 장소를 정하는 건 물론 그날의 집인 텐트를 짓는 것부터 하나하나 다 해나가야 하기에, 역할을 나눠 서로 돕는 것이 중요해요. 서툰 손길이라도 하나하나 소꿉장난하듯 함께 만들어가는 재미도 느끼면서요.

저희의 캠핑 루틴은 주로 이렇습니다. 남편과 함께 텐트 칠 자리를 고르고, 문을 어느 쪽으로 할지 논의해가며 텐트를 쳐요. 작은 텐트는 금방 치지만 큰 텐트는 혼자 설치하기 어려워서, 한쪽에서 폴대를 넣으면 다른 사람은 반대쪽에서 잘 고정되도록 잡아주는 등의 역할 분담이 필요해요. 건너편에 누군가가 나를 돕고 있다는 든든함도 참 좋고요. 바닥에 팩을 박아 텐트를 고정하는 마무리 작업을 남편이 하면, 저는 텐트 안으로 들어가 매트를 펼치고 살림을 꾸려요. 힘을 모아야 하는 일은 함께, 각자 잘하는 일은 나눠 하는 것이 자연스러워졌어요.

언젠가 외국의 캠핑 페스티벌에 간 적이 있어요. 저희는 자리를 빨리 잡은 편이었던지라, 옆자리에 어느 가족이 텐트 치는 모습을 우연찮게 지켜보게 되었어요. 초등학교 저학년 남매가 있는 가족이었는데 아이들이 각자 몫의 배낭을 메고 온 모습이 퍽 귀여웠어요. 남매가 어려서 아빠 혼자 텐트를 치겠구나 했는데 아들이 익숙한 손길로 텐트를 잡고 아빠를 꼬물꼬물 돕고 있더라고요. 제 몫의 배낭에서 주섬주섬 꺼낸 앞치마까지 두르고 제법 본격적인 폼을 갖춰서요. 그렇게 아빠와 아들이 텐트를 치자, 엄마는 텐트 안으로 들어가 익숙하게 살림을 세팅하는 모습을 볼 수 있었습니다. 엄마 뒤를 총총 쫓아다니며 고사리손으로 일손을 돕던 어린 딸까지 이렇게 가족들이 각자 역할을 나누어 캠핑을 함께 만들어나가는 모습이 참 좋아 보였답니다.

다시 저희의 캠핑 루틴으로 돌아올까요. 텐트를 치고 난 후에는 각자가 원하는 일들을 해요. 낮잠을 자거나, 책을 읽거나, 산책을 하거나, 간식을 만들어 먹거나, 혹은 아무것도 하지 않거나. 이렇듯 각자의 시간을 가지는 일과도 꼭 필요하답니다.
멍때리기를 좋아하는 저는 주로 해먹이나 의자에 앉아 숲을 바라보는 조용한 시간을 보내거나 도시에서 읽다 만 책을 가져와 읽곤 해요. 새소리, 바람에 흔들리는 숲의 소리를 배경음악 삼아 책을 읽고 있자면 도시와는 다른 템포로 책을 곱씹을 수 있죠. 그러다 살짝 잠들어도 좋은, 오롯한 나만의 시간. 사진 찍는 걸 좋아하는 남편은 캠핑지 주변을 산책하거나 사진을 찍는데, 가끔 바닥에 떨어진 잔가지들을 불쏘시개로 주워오는 덕에 제가 버선발로 마중을 나갈 때도 있어요.

아주 소소한 일과들이지만 각자가 좋아하는 일들이 가득찬 캠핑의 시간. 복잡한 일상을 사는 우리에게 가끔 느슨한 시간이 필요하잖아요. 별것 없는 캠핑에서의 단순한 일과 속에서 헛헛한 마음이 꽉 차오르는 기분이 들어요. 낮잠을 자도 더 깊고 달콤한 것이, 같은 일이라도 도시에서 하는 것과는 다른 느낌이란 게 참 신기하죠.

자연과 단둘이 마주하는 고요한 시간은 캠핑에서 꼭 빼놓지 말아야 할 일과예요. 친구나 가족, 연인과 함께 하는 캠핑에서도 자신만의 시간을 가지며 '따로 또 같이'의 즐거움을 느껴보시길 바랄게요.

작은 캠핑, 다녀오겠습니다

비워내고
채워가기

"캠핑가면 뭐 하세요?" 가장 많이 듣는 질문 중 하나인데요. 전
이렇게 대답하곤 해요. "주로 가만히 있어요. 아무것도 안 하고
멍하니 앉아 있는 시간을 가장 좋아해요." 이 대답을 들으면 다
들 하나같이 의아한 표정을 짓죠. 아마도 캠핑에 가면 뭔가 독특
하거나 활동적인 일을 하리라고 생각해서일까요.

일상에서 생활인으로 살아가는 우리는 뭔가 생산적인 일을 해야
한다는 강박에 끊임없이 시달리는 것 같아요. 부지런하지만, 너
무 숨이 차오르기도 하죠. 가끔은 쉬엄쉬엄 쉬어가는 시간도 필
요한 우리인데 말이죠.

저도 예전엔 무언가를 하기 전엔 반드시 계획을 세웠고, 매일매
일 빠르게 달려나가야 한다고 생각했어요. 정신없이 달리는 와
중에도 어쩐지 계속 조바심이 났고, 마음은 이미 저만치 결승점
에 가 있는데 현실이 따라주지 않으면 속상해서 견딜 수가 없었
어요. 스스로를 점점 옥죄고 있었던 거예요. 그러다 가끔 한가한
시간을 보낼 때면 '이래도 되나?' 싶은 마음에 불안했어요. 무언
가를 받아들이려면 비워내는 것도 필요한데, 늘 제 마음은 꽉 차

있고 분주했어요.

그랬던 시절을 지나 이젠 새로운 바람이 드나들 수 있게, 마음의 빗장을 조금 느슨하게 해둘 수 있게 되었어요. 캠핑을 시작한 덕분입니다.

캠핑에서 하는 일들은 무척이나 단순해서 머리를 쓰거나 계산할 일이 크게 없어요. 제대로 짐을 꾸려 빠짐없이 가지고 왔다면 그것들을 하나하나 꺼내 펼쳐놓기만 하면 되죠. 텐트 치기, 매트 깔기, 물 끓이기, 모닥불을 지필 잔가지 줍기, 불 피우기, 낮잠 자기처럼 아주 직관적인 일들이 대부분이에요.

엄청난 집중력을 요하는 일들에서 손을 떼니 자연스레 단순한 행위에만 몰두할 수 있게 됐고, 그러면서 멍하니 있는 시간을 즐기게 됐어요. 소위 '멍때리기'에 대해 회의적이었던 지난날을 생각하면 굉장한 변화가 일어난 거예요.

처음엔 불을 바라보며 멍하니 앉아 있는 '불멍', 나중엔 숲을 바라보는 '숲멍', 물을 바라보면서는 '물멍'을 하는 등 다양한 곳에서 멍때리기를 하기 시작했어요.

이 시간을 거치면 이상하게 마음이 맑아지는데, 아마도 멍때리기를 하며 마음 한구석 케케묵은 때가 벗겨진 게 아닐까 싶어요. 캠핑에서 멍때리는 시간은 '아무것도 하지 않음'으로써 불안과 조바심을 깨끗하게 비우는 나름의 정화 의식 같아요. 비로소 내가 나다울 수 있도록요.

정해진 캠핑의 일과를 묵묵히 해내면서 일상의 복잡한 생각도 함께 정리하는 것. 아무것도 하지 않는 시간의 너그러움에서 비워낼 힘을 얻곤 합니다. 나 자신을 다독이고 다시 채워나갈 수 있도록요. 다시 일상으로 돌아갈 때면 에너지가 늘 한가득이에요.

계절 산책자가 되어 각 계절의 즐거움을 찾아가는, 나만의 '계절 놀이'를 하나씩 만들어나가는 것도 작은 캠핑의 묘미랍니다.

커피, 뱅쇼 등 커피와 차의 시간을 즐겨보세요. 챙겨간 준비물이 아깝지 않을 거예요.

아무것도 하지 않고 모닥불을 바라보며 멍하니 앉아 있는 '불멍 타임'은 캠핑에서 빼놓을 수 없는 일과입니다.

모닥불을 피울 때는 반드시 화로대를 준비하고, 소화기가 비치된 곳을 확인하세요. 미니 소화기를 구비해둬도 좋아요. 장작은 생가지를 절대 꺾지 않고 판매용을 구매해 사용합니다.

동행과 함께 소꿉장난하듯 캠핑을 꾸리고, 또 각자만의 느슨한 시간을 보내는 '따로 또 같이'의 즐거움을 느껴봐요.

'불멍', '숲멍', '물멍' 등 아무것도 하지 않는 시간의 너그러움에서 일상의 복잡한 생각을 비워낼 힘을 얻어보세요.

텐트를 치고 조용히 자연의 소리를 들으며 침낭 안에 누워 있자면 마치 이 공간이 나만의 작은 세계처럼 느껴지곤 합니다. 어제는 컴퓨터 앞에 앉아 바쁘게 씨름하던 나였는데, 지금은 자유롭게 나만의 우주를 유영하고 있는 모습이 신기합니다. 무척 멀리 떨어진 세계에 있는 것 같지만, 실은 그렇지도 않다는 게 말이죠.

캠핑으로 일상의 지친 몸과 마음을 달래고 균형을 맞추며 산 지도 꽤 오래되었습니다. 캠핑이 단순한 취미에 그치지 않고 일상에 활기를 불어넣는 주말의 간헐적 루틴이 되었죠.

배낭 하나에 모든 짐을 넣고 떠나는 백패킹으로 시작해 조금 더 짐을 추가한 자전거 캠핑, 자동차에 모든 짐을 싣고 떠나는 오토캠핑, 그리고 차에서 잠을 자는 차박까지. 그동안 다양한 방식으로 캠핑을 해왔습니다. 모두 나름대로의 매력이 있어서 계절마다, 장소마다, 다양한 캠핑을 즐길 수 있었죠. 그래서 매번 떠날 때마다 소풍 전날의 기분을 느끼며 설레고 또 설레곤 해요.

캠핑 짐을 꾸릴 때면 비슷한 짐이라도 고민하게 되지만, 늘 챙기는 건 오래전부터 함께한 낡고 오래된 장비들입니다. 때론 많은 짐을 짊어지고 떠나기도 하면서 다양한 캠핑을 즐기고 있지만,

돌고 돌아 다시 기본으로 돌아오는 것처럼 결국 가장 좋아하는 것은 작은 캠핑이에요. 많은 장비 없이도 충분히 만족하며 쉴 수 있는 작은 캠핑이 가장 잘 어울리는 옷을 입은 듯 편하고 익숙해요. 아마도 그건 캠핑을 하는 이유, 본질인 '휴식'에 작은 캠핑이 가장 가까이 있기 때문이 아닐까 싶습니다.

금방 설치하고 정리할 수 있는 과하지 않은 장비들은 우리에게 더 많이 쉴 수 있는 여유를 줍니다. 음식도 간소하게 먹을 만큼만 준비해요. 캠핑에서 가장 중요한 건 우리가 자연의 시간 속에서 보내는 휴식 그 자체이니까요. 캠핑의 시작은 되도록 작으면 작을수록 좋을 것 같아요. 소박한 장비로도 충분하다는 걸, 자연의 시간만으로도 괜찮다는 걸 먼저 느껴볼 수 있도록요.

모쪼록 여러분이 작은 캠핑을 통해 좀 더 '자연스러운' 나 자신을 마주하고 발견해나갈 수 있기를 바랍니다.

초록이 우거진 숲으로

작은 캠핑, 다녀오겠습니다

어디선가 불어오는 낯선 바람 안으로

너른 품을 내어주는 산으로

작은 캠핑, 다녀오겠습니다

때론 햇빛에 반짝이는 물결 속으로

아침의 새하얀 눈밭으로

이번 주말, 아무것도 하지 않으러 떠나볼까요?

Editor's letter

귀차니스트이지만 여러 가지에 관심이 많고, 뭐든 시작하려면 장비부터 구입하고, 그러다 못쓰게 된 장비만 여럿인 저에게… '최소한의 준비'만으로 시작해보라는 '작은 캠핑'의 속삭임이 들려왔습니다. 심지어, 멀리 가지 말고 집에서, 근처에서 연습처럼 일단 해보라고 합니다. 그렇다면, 그렇다면… 한번 해볼까요? **민**

저는 배낭을 메고, 대중교통으로 국내 곳곳(특히 섬)을 여행하기를 좋아합니다. 숙소는 크게 따지지 않아요. 민박집이면 충분합니다. 이런 저의 취향을 말하면 대부분 "캠핑도 좋아하시겠어요!"라고 하는데요, 단호하게 답했습니다. "아뇨. 잠은 안에서만 잡니다." 그런 저에게 처음으로 캠핑의 매력을 전파한 분이 작가님입니다. 이전까지 저에게 캠핑은 도구를 잔뜩 싣고 가서 펼쳐놓고 지내다가 또 그걸 정리하고 돌아와야 하는, 조금은 번잡한 시작하기 어려운 이미지였어요. 그런데 작가님의 '작은 캠핑' 이야기를 듣고 그렇다면 저도 한번 해보고 싶은데요, 하고 말해버렸습니다. 네, 캠핑도 다양합니다. 그리고 아주 작은 시도로도 시작할 수 있습니다. 참고로 저는 요즘 경량 의자를 고르고 있습니다(?). **희**

어릴 적, 여름이 오면 가족들과 계곡으로 캠핑을 가곤 했어요. 밤이 되면 꼭 비가 쏟아졌는데, 작은 텐트 안에 옹기종기 모여 지붕 위로 세차게 쏟아지는 빗소리를 듣는 순간이 참 좋았어요. 이 책으로 '작은 캠핑'을 만나며 잊고 있던 그 순간이 떠올랐습니다. 곧 다시 캠핑을 떠나보려고요. **현**

예전부터 어디 간다고 하면 세상 필요 없는 것까지 바리바리 싸 들고 다녀서 '보부상'이라는 소리를 들어왔습니다. 신기하게도 필요한 건 없는데 짐만 무겁게 들고 다녔어요. '작은 캠핑'은 저와 반대로 딱 필요한 것만 간단하게 챙겨 떠날 수 있다고 하니, 얼마나 매력적인지요. 이제 보부상은 안녕~ 진정한 작은 캠퍼로 거듭나보고 싶습니다. **령**

작은 캠핑, 다녀오겠습니다

1판 1쇄 발행일 2021년 10월 12일
1판 2쇄 발행일 2021년 12월 7일

지은이 생활모험가
발행인 김학원
발행처 (주)휴머니스트출판그룹
출판등록 제313-2007-000007호(2007년 1월 5일)
주소 (03991) 서울시 마포구 동교로23길 76(연남동)
전화 02-335-4422 **팩스** 02-334-3427
저자·독자 서비스 humanist@humanistbooks.com
홈페이지 www.humanistbooks.com
시리즈 홈페이지 blog.naver.com/jabang2017
디자인 디자인 이프 **사진** 생활모험가 **용지** 화인페이퍼 **인쇄** 삼조인쇄 **제본** 영신사

자기만의 방은 (주)휴머니스트출판그룹의 지식실용 브랜드입니다.

ⓒ **생활모험가, 2021**
ISBN 979-11-6080-708-0 13980